清華
电脑学堂

Swift
开发技术标准教程

谢书良 编著

清華大学出版社
北 京

内 容 简 介

本书是资深高校教师多年开发与教学经验的结晶。它深入浅出地讲解 Swift 语言的基础知识及实践，帮助读者快速掌握 Swift 语言编程的方法。

本书的内容共分"Swift 语言基础"和"Swift 语言应用"两篇。第一篇（第 1～9 章）包括程序设计概述、数据类型和运算符、程序控制结构、数组和字典、控制转移、枚举和结构体、函数和泛型、扩展和协议以及类的封装、继承和多态等；第二篇（第 10～16 章）包括初试 iPhone 应用程序的开发、按钮组件触发应用、选择和查询应用、图片应用、多媒体的开发应用、地图查看器，最后通过一个综合案例——"桂赣风光浏览"阐释 Swift 语言的综合运用。本书将知识和应用紧密结合，既能够解决零基础读者的学习问题，也能够为其后续深造奠定基础。

本书内容安排合理，架构清晰，注重理论与实践相结合，适合作为零基础学习 Swift 语言开发的初学者的教程，也可作为本科院校及大专院校的教材，还可供职业技术学校和相关培训机构使用。

图书在版编目（CIP）数据

Swift 开发技术标准教程 / 谢书良编著 . —北京：清华大学出版社，2021.2
（清华电脑学堂）
ISBN 978-7-302-57125-4

Ⅰ . ① S… Ⅱ . ①谢… Ⅲ . ①程序语言－程序设计－教材 Ⅳ . ① TP312

中国版本图书馆 CIP 数据核字 (2020) 第 259350 号

责任编辑： 秦　健
封面设计： 杨玉兰
版式设计： 方加青
责任校对： 徐俊伟
责任印制： 宋　林

出版发行： 清华大学出版社
　　　　　　网　　　址：http: //www.tup.com.cn，http: //www.wqbook.com
　　　　　　地　　　址：北京清华大学学研大厦 A 座　　　　邮　　编：100084
　　　　　　社 总 机：010-62770175　　　　　　　　　　邮　　购：010-83470235
　　　　　　投稿与读者服务：010-62776969，c-service@tup.tsinghua.edu.cn
　　　　　　质 量 反 馈：010-62772015，zhiliang@tup.tsinghua.edu.cn
印 装 者： 天津鑫丰华印务有限公司
经　　销： 全国新华书店
开　　本： 185mm×260mm　　　**印　张：** 14　　　**字　数：** 341 千字
版　　次： 2021 年 3 月第 1 版　　　**印　次：** 2021 年 3 月第 1 次印刷
定　　价： 49.80 元

产品编号：084114-01

前　言

随着移动互联网及软硬件设备的大发展，移动开发逐渐成为程序设计领域的新贵，受到众多开发人员的青睐。其中，iOS 系统以其设计精良、安全可靠、界面酷炫，不断吸引着相关从业者投身其开发事业。但程序设计毕竟是一门复杂的学科，需要循序渐进才能逐渐掌握。因此，本书从移动开发的基础内容讲起，介绍 iOS 系统下 Swift 语言的基础知识和重要应用，帮助读者快速掌握 Swift 语言的设计理念和开发技能。

本书的特点是讲解细致，实例丰富，内容实用。本书既能够解决零基础读者的学习问题，又能够为其后续深造奠定基础。Swift 语言的重要应用是设计 iPhone 的应用程序，本书对此做了较详尽的介绍。

本书的内容共分"Swift 语言基础"和"Swift 语言应用"两篇：第一篇（第 1～9 章）包括程序设计概述、数据类型和运算符、程序控制结构、数组和字典、控制转移、枚举和结构体、函数和泛型、扩展和协议以及类的封装、继承和多态；第二篇（第 10～16 章）包括初试 iPhone 应用程序的开发、按钮组件触发应用、选择和查询应用、图片应用、多媒体的开发应用、地图查看器以及综合案例——"桂赣风光浏览"。

Swift 语言发展很快，伴随着 iOS 的升级而不断升级。截至本书成稿，Swift 语言已经发展到 Swift 5，这是 Swift 语言的一次重大升级。当前从苹果商店下载的 iPhone 应用程序编译环境 Xcode 也已经升级到 11.3，它所使用的就是 Swift 5。本书全部实例和样例均采用 Swift 5 编写，读者可以通过本书的学习，快速了解 Swift 5 的很多操作以及与其他版本的不同之处。

用 Swift 语言编写 iPhone 应用程序已是当前大势所趋，如果读者是一位初学者，不妨按照下面的途径试着实践一下：

仿照试做→反复调试→进行改造→开发创新

有志者事竟成。祝愿读者尽快熟悉 Swift 语言的开发技术，早日掌握 iPhone 应用程序的设计技巧。如果能达到这样的目的，笔者将不胜欣慰。

谢书良

2021.1

目 录

第一篇
Swift 语言基础

Swift 是苹果公司推出的编程语言，专门针对 OS X 和 iOS 的应用开发。Swift 在各个方面优于 Objective-C，也不会有那么多复杂的符号和表达式。同时，Swift 更加快速、便利、高效、安全。

Objective-C 开发者对 Swift 并不会感到陌生。它采用了 Objective-C 的命名参数以及动态对象模型，可以无缝对接到现有的 Cocoa 框架，并且兼容 Objective-C 代码。在此基础之上，Swift 还有许多新特性并且支持过程式编程和面向对象编程。

Swift 对初学者来说很友好。它是第一个既满足工业标准又像脚本语言一样充满表现力和趣味的编程语言。它支持代码预览，这个革命性的特性允许程序员在不编译和运行应用程序的前提下运行 Swift 代码并实时查看结果。

第1章

程序设计概述

1.1 基本概念

1.1.1 程序、程序设计和程序设计语言

编程就是编写程序。什么是程序呢？

可以从如何计算两个数的平均值这样一个最简单的问题讲起。

如果两个数是 3 和 5，几乎可以不加思索地说出它们的平均值是 4。

如果两个数是 23 763 965 432 和 8 456 234 445 446 456，它们的平均值是多少？那只能由计算机去完成。

不管怎么计算，人和计算机的计算步骤都是：

（1）确定要计算的是哪两个数。

（2）求出两个数之和。

（3）将此和除以 2。

（4）报告计算结果。

其实计算机自身并不会计算，必须由人来教会它。那么人们应该做什么呢？人们要做的事应该是：针对要完成的任务，编排出正确的方法和步骤，并且用计算机能够接受的形式，把方法和步骤告诉计算机，指挥计算机完成任务。

解决问题的方法和步骤用计算机能够理解的语言表达出来，就称为"程序"。程序是要计算机完成某项工作的代名词，是对计算机工作规则的描述。

计算机软件指挥计算机硬件，没有软件，计算机什么事也做不了，而软件都是由各种程序构成的。

计算机程序是有序指令的集合，或者说是能被计算机执行的具有一定结构的语句的集合。人们要利用计算机解决实际问题，首先要按照人们的意愿，借助计算机语言，将解决问题的方法、公式、步骤等编写成程序，然后将程序输入计算机中，由计算机执行这个程序，完成特定的任务，上述设计和书写程序的整个过程就是程序设计。简言之，为完成一项工作的规则过程的设计就称为程序设计。程序设计是根据给出的具体案例，编制一个能正确完成该案例的计算机程序。

从根本上说，程序设计是人的智力克服客观问题的复杂性的过程。

图 1-1 所示的是一个简化了的计算机工作过程示意图。当然计算机的实际工作过程比这复杂得多，但它还是完整地体现了计算机的基本工作原理，尤其体现了"软件指挥硬件"这一根本思想。在整个过程中，如果没有软件程序，计算机什么也干不了，可见软件程序多么重要。如果软件程序编得好，计算机就运行得快而且结果正确；如果程序编得不好，则可能需要运行很久才出结果，且结果还不一定正确。程序是软件的灵魂。CPU、显示器等硬件必须由软件指挥，否则它们只是一堆没有灵性的工程塑料与金属的混合物。在这里就是要教会读者怎样用编程语言又快又好地编写程序（软件）。

编程语言有多种，计算机直接能够读懂的语言是机器语言，也叫作机器代码，简称机器码。这是一种纯粹的二进制语言，用二进制代码来代表不同的指令。

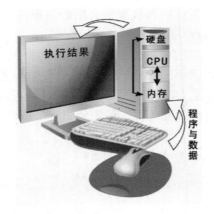

图　1-1

　　下面这段程序是用我们通常使用的 x86 计算机的机器语言编写的，功能是计算 1+1。

```
10111000
00000001
00000000
00000101
00000001
00000000
```

　　这段程序看起来像"天书"，在用按钮开关和纸带打孔的方式向计算机输入程序的时代，程序员编写的都是这样的程序。很明显，这种程序编起来很费力气，也很难读懂。从那时起，让计算机能够直接懂得人的语言就成了计算机科学家们梦寐以求的目标。

　　有人想出了这样的办法，编一个可以把人类的语言翻译成计算机语言的程序，这样计算机就能读懂人类语言了。这说起来容易，做起来却很难。就拿计算 1+1 来说，人们可以用"1+1 等于几""算一下 1+1 的结果""1+1 得多少"等多种说法，再加上英语、法语、日语、韩语、俄语等来描述。如果想把这些都自动转换成上面的机器码，那是可望而不可及的事。所以人们退后一步，打算设计一种中间语言，它还是一种程序设计语言，但比较容易翻译成机器代码，且容易被人学会和读懂，于是诞生了"汇编语言"。

　　用汇编语言计算 1+1 的程序如下所示：

```
MOV  AX , 1
ADD  AX , 1
```

　　这个程序的功能是什么呢？从程序中 ADD 和 1 的字样，或许我们能猜个大概。没错，它还是计算 1+1 的。这个程序经过编译器（也是一个程序，它能把 CPU 不能识别的语言翻译成 CPU 能直接识别的机器语言）编译，就会自动生成前面的程序。这已经是很大的进步了，但并不理想。这里面的 MOV 是什么含义？好像是 Move 的缩写。这里的 AX 又代表什么？这是一个纯粹的计算机概念。从这个小程序，我们能看出汇编语言虽然已经开始贴近人类的语言，但还全然不像我们所期望的那样，里面还有很多计算机固有的东西必须要学习。它与机器语言的距离很近，每行程序都直接对应上例的三行代码。

程序设计语言要无限地接近自然语言，所以它注定要不停地发展。此时出现了一道分水岭，人们把机器语言和汇编语言称为低级语言，把以后发展起来的语言称为高级语言。低级语言并不比高级语言"低级"，而是说它与计算机（硬件）的距离较近因而级别比较低。高级语言高级到什么程度呢？首先介绍一个很著名的 BASIC 语言，看它是怎样完成 1+1 计算的。

用 BASIC 语言计算并显示 1+1 的内容如下：

```
PRINT 1+1;
```

PRINT 的中文意思是打印或输出。比起前两个例子，它确实简单了不少，而且功能很强。前两个例子的计算结果只保存在 CPU 内，并没有输出给用户。这个例子直接把计算结果显示在屏幕上，它才是真正功能完备的程序，从这个例子相信你已经开始体会到了高级语言的魅力了吧。

Swift 语言就是一种新的高级编程语言。Swift 使用安全的编程模式并添加了很多新特性，这将使编程更简单，扩展性更强，也更有趣。

如果你是一个编程的初学者，首先你要准备一台苹果计算机，Mac OS（Macintosh Operate System）是一套运行于苹果系列计算机上的操作系统，它的界面非常独特，突出了形象的图标和人机对话。

苹果计算机现在的操作系统已经发展到了 Mac OS 10，代号为 Mac OS X（X 为 10 的罗马数字写法），Mac OS 非常可靠，它的许多特点和服务都体现了苹果公司的理念。现在疯狂肆虐的计算机病毒几乎都是针对 Windows OS 的，由于 Mac 的架构与 Windows 架构上的区别，所以苹果计算机很少受到病毒的侵扰。苹果公司在根据自己的技术标准生产计算机的同时自主开发相应的操作系统。

苹果计算机的操作系统现在已经发展到 Mac OS X 10.15。有人会问，我用 Windows PC 装载苹果的操作系统来进行相关的应用程序的设计可以吗？的确有人曾尝试过，但通常会遇到如下问题：

❑　不支持网卡驱动，无法连接网络。

❑　不支持显卡驱动，使本来绚丽的 Mac 变成黑苹果。

❑　不支持声卡驱动器，Mac 成了哑巴。

❑　Mac 键盘的功能键与 Windows 不同，让人无所适从。

❑　所安装的 Mac OS 不是苹果官方发布的软件，不支持在线版本的升级。

所以很多人最终还是购置了苹果计算机。随着 Mac 计算机性价比的不断提升，Mac 计算机越来越受到人们的青睐。"工欲善其事，必先利其器。"如果你想快速学习 Swift 语言和开发技术，还是应该选择一台苹果计算机。

1.1.2　一个简单的 Swift 程序

下面通过一个简单的程序实例，共同来认识一下 Swift 程序。

```
import UIKit

class ViewController: UIViewController
{

    override func viewDidLoad()
    {
        super.viewDidLoad()
        let myCharacter=" 我钟爱程序设计！"
        print(myCharacter)
    }
}
```

这是一个完整的 Swift 程序，程序代码的意思将在后面给予说明。

1.2　常量和变量

常量和变量在每一种编程语言中都会出现，它们都用来指代数据。

1.2.1　常量

在程序运行期间，其值不可以改变的量称为常量。常量的值不需要在编译时指定，但至少要赋值一次。常量在使用之前必须要对其进行声明和定义。声明用来说明该标识符作为一个常量来使用，定义是指定该常量所指代的数据类型。由于 Swift 语言支持类型推断，所以可以省略对常量指定数据类型。因为常量的声明和定义是同时进行的，所以将常量的声明和定义合并称为常量的定义。

定义常量的形式如下：

```
let 常量名 = 值
```

其中，let 是定义常量的关键字；常量名是常量的名称；值是常量被赋予的值。

在上例中，由 let myCharacter="我钟爱程序设计！"可知，myCharacter 就是常量名（意思是我的字符），"我钟爱程序设计！"这一串字符就是常量的值。

1.2.2　变量

变量是用来指代一个可能变化的数据。在使用每个变量时，都需要遵循"先定义，后使用"的原则，先对其声明和定义，然后再使用。由于变量的声明和定义是同时进行的，所以将变量的声明和定义合并称为变量的定义。

变量定义的形式如下：

```
var 变量名 = 值
```

其中，var 是定义变量的关键字；变量名是变量的名称（注意，变量名必须符合标识符命名规范）；值表示变量被赋予的值。

标识符是用户编程对常量、变量等使用的名字，是标示、识别它们的字符。在 Swift 语言中，标识符分为两类：一类是用户标识符；另一类是关键字。用户标识符是用户根据需要自己定义的标识符，一般用来给常量、变量等进行命名。标识符定义时要遵循以下规则：

- ❑ 标识符由字母、下画线和数字组成，首字符不能是数字。
- ❑ 不能直接把 Swift 语言中的关键字作为用户标识符。
- ❑ 标识符中大写和小写字母表示的意思不同，如 SUM、Sum 和 sum 是三个不同的标识符。
- ❑ 标识符应尽量做到"见名知意"。

关键字是对编译器具有特殊意义的系统预定义的保留标识符。在 Swift 语言中，保留关键字是因为使用它们可以使代码更容易理解。

1.3 编写并运行第一个 Swift 实例

编写并运行 Swift 实例必须在 Swift 语言的运行环境 Xcode 中进行。接下来首先简单介绍一下 Xcode 11.3。

Xcode 11.3 是美国苹果公司最新研制开发的较成熟、好用的一代 Swift 语言版本。这是一个集 Swift 程序编辑、编译、调试、运行和在线帮助等功能及可视化软件开发功能于一体的软件开发工具，或称开发环境、开发系统等。本书专门安排本篇，对 Swift 语言的内容和用法进行较详尽的介绍，目的是让读者初步掌握编辑、编译和运行一个 Swift 应用程序的全过程，为开发 Swift 的应用程序打下一个较好的基础。Swift 的版本随着 Xcode 版本的升高而升高，Xcode 9 对应的是 Swift 4，本书采用了 Xcode 11.3，对应的是目前 Swift 的最高版本 Swift 5。

在 Xcode 11.3 集成开发环境（界面）中，要建立一个 Swift 命令行应用程序（以后简称 Swift 程序）的一般做法是：首先要建立一个项目（project），就是在计算机的外存磁盘上建立一个表示该项目的专用目录，然后把 Swift 程序作为一个或若干个文件保存到这个目录中，再通过编译、连接、运行等步骤实现程序所具有的功能。

Xcode

图 1-2

Xcode 的下载和安装过程将在第 2 篇中详细介绍。安装完 Xcode 后，可在应用程序中找到 Xcode 图标，如图 1-2 所示。

双击该图标打开该软件后，在屏幕上可以看到 Xcode 的欢迎界面，如图 1-3 所示。左下方三项及其含义如下。

Get started with a playground：创建可立即观看程序结果的 playground 项目。

Create a new Xcode project：创建新的 Xcode 项目。

Clone an existing project：由程序代码管理系统（SCM）创建项目。

右上方显示的是最近打开的项目，双击项目名称即可打开项目。

Open another project：打开已存在的项目。

图 1-3

　　选择 Get started with a playground，以便创建一个可立即观看程序结果的 playground 项目。

　　双击打开项目后在紧跟着出现的如图 1-4 所示的新文件设置窗口中设置 playground 的文件名称为 Sl1-1，选择适用平台为 iOS，然后单击 Next 按钮。

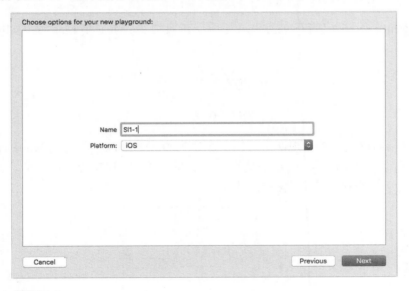

图 1-4

　　在紧跟着出现的如图 1-5 所示的窗口中选择文件要存放的位置，并单击 Create（创建）按钮。

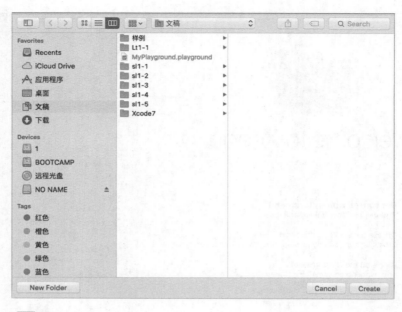

图 1-5

完成后屏幕显示自动生成的程序代码框架，将其中的"Hello,playground"修改为"我钟爱程序设计！"：

```
import UIKit
...
print(" 我钟爱程序设计 !")
```

单击 print 语句左边的右向箭头运行后，在右边实时显示侧栏中看到如图 1-6 所示的情况。

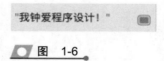

图 1-6

将鼠标指向该处，会出现两个按钮，左边为 Quick Look，右边为 Value History。单击左边按钮，出现如图 1-7 所示的情况。假如编写的是与 UI 相关的内容，通过 Quick Look 按钮，可以直接预览界面的布局情况。

图 1-7

单击右边按钮，在程序代码的下方会出现如图 1-8 所示的结果。

图 1-8

可以选择 Create a new Xcode project，以便创建一个新的项目。当然，也可以借助于 Xcode 系统菜单，选择 File → New Project 命令创建新的项目。在图 1-9 中选择新项目的类型。

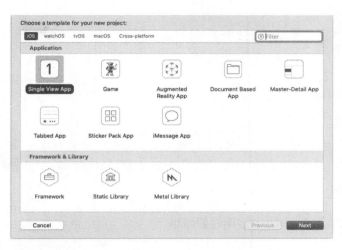

图 1-9

单击 Next 按钮，弹出 Choose options for your new project（新项目选择）对话框。在其中输入 Product Name（项目名）为 Sl1-1，选择的 Language（语言）为 Swift，下面的 User Interface（用户界面）有两项选择：Storyboard（直译为情节串联图板，在此为故事板，即模拟器）和 SwiftUI（Swift 用户界面），如图 1-10 所示。

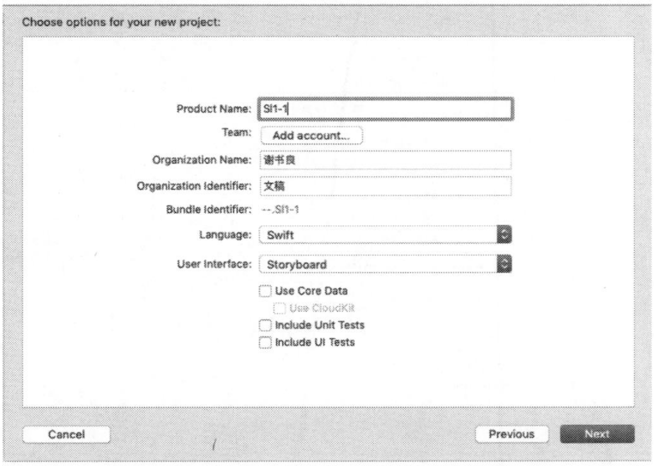

图 1-10

Product Name 等信息是由开发者自己决定的，一般 Language 和 User Interface 只需要设置一次，在下一次创建项目时，在 Choose options for your new project 对话框中只需要在其中输入 Product Name 就可以了。

单击 Next 按钮，在"保存位置"对话框中单击 Create（创建）按钮，这时一个项目名为 Sl1-1 的项目就创建好了，如图 1-11 所示。

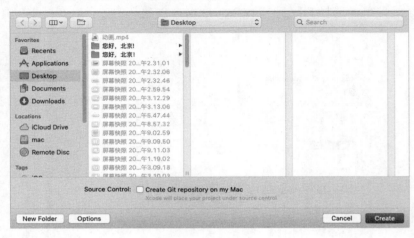

图 1-11

紧跟着出现如图 1-12 所示的项目信息框。

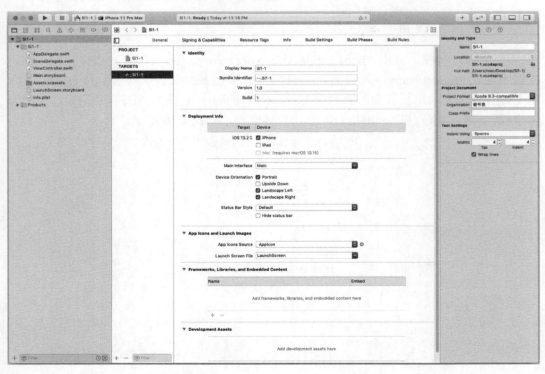

图 1-12

在图 1-13 的左侧项目文件总表中选择 ViewController.swift，双击将其打开，在出现的项目代码框架中删除不需要的部分，再写入相应代码。

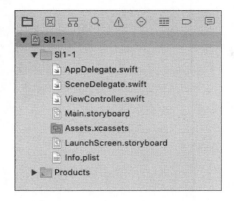

图　1-13

应用程序从 ViewController.swift 文件的 viewDidLoad() 方法开始执行，主要程序代码都在此文件中。.swift 是 Swift 所使用的文件扩展名。

程序代码如下：

```
import UIKit

class ViewController: UIViewController
{

    override func viewDidLoad()
    {
        super.viewDidLoad()
        let myCharacter=" 我钟爱程序设计！"
        print(myCharacter)
    }
}
```

单击菜单项 Project 下的 Run 或者按 Command+R 组合键运行程序，若无错误则可以在主窗口下端的输出框内显示程序运行的结果，如图 1-14 所示。

```
我钟爱程序设计！
Message from debugger: Terminated due to signal 15
```

图　1-14

如果在 User Interface 下选择 SwiftUI，则界面如图 1-15 所示。

项目信息和项目文件总表同前，在图 1-13 的左侧项目文件总表中选择 ViewController.swift，双击将其打开，在出现的项目代码框架中删除不需要的部分，再写入如下代码：

Choose options for your new project:

Product Name:	SI1-1
Team:	Add account...
Organization Name:	谢书良
Organization Identifier:	文稿
Bundle Identifier:	--.SI1-1
Language:	Swift
User Interface:	SwiftUI

☐ Use Core Data
  ☐ Use CloudKit
☐ Include Unit Tests
☐ Include UI Tests

Cancel   Previous   Next

图 1-15

```swift
import SwiftUI

struct ContentView: View
{
    var body: some View
    {
        Text("Hello, World!")
    }

}
```

将"Hello,World!"修改为"我钟爱程序设计！"，运行后在模拟器中的显示效果如图 1-16 所示（此时在主窗口下端的输出框内无显示）。

可见，Swift 5 与其他版本不同，对新项目选择对话框做了很大改进。

为了方便，在本篇介绍 Swift 语言的实例时只使用 playground 快速编程方法书写代码，第二篇需要用组件在模拟器（又称故事板）显示编程结果，将使用上面第一种方法介绍的 Storyboard 方式书写代码。

在这里只要求读者知道如何建立一个项目，进而修改程序以符合自己的要求就可以了。

Swift 主窗口中的每个菜单都含有丰富的菜单项，这里不再一一说明，读者可在不断学习和实践中逐步了解、掌握。

图 1-16

第 2 章

数据类型和运算符

2.1 基本数据类型

程序是解决问题的方法和步骤在计算机上的具体实现,必然要涉及各种各样的数据。从本质上讲,用计算机解决各种实际问题,就是通过计算机程序对反映实际问题的一些数据进行处理来实现的。况且,任何一个程序都可看成由三部分组成:数据的输入、数据的处理和数据的输出,所以数据是程序处理的对象和结果。

2.1.1 整数类型

数据的种类繁多,首先从整数说起。

在 Swift 中整数共分两类 8 种,有符号类型有 4 种,无符号类型也有 4 种,分别如表 2-1 所示。

表 2-1

	类型名称	字节数	字位数	数值范围
有符号类型	Int8	1 字节	8 位	−128 ～ 127
	Int16	2 字节	16 位	−32 768 ～ 32 767
	Int32	4 字节	32 位	−2 147 483 648 ～ 2 147 483 647
	Int64	8 字节	64 位	−9 223 372 036 854 775 808 ～ 9 223 372 036 854 775 807
无符号类型	UInt8	1 字节	8 位	0 ～ 255
	UInt16	2 字节	16 位	0 ～ 65 535
	UInt32	4 字节	32 位	0 ～ 4 294 947 295
	UInt64	8 字节	64 位	0 ～ 18 446 744 073 709 551 615

注:U 为无符号类型名称的前缀。

在 Swift 中,除了以上整数类型之外,还提供额外的整数类型 Int,也就是通常所称的整型,它的大小与计算机位数相同,即在 32 位机中 Int 占 32 位,在 64 位机中 Int 占 64 位。

【实例 2-1】输出各类整数的最小数值和最大数值。

程序代码如下:

```
import UIKit

print(Int8.min)
print(Int8.max)
print(Int16.min)
print(Int16.max)
print(Int32.min)
print(Int32.max)
print(Int64.min)
print(Int64.max)
```

程序运行结果如下:

```
-128
127
-32768
32767
-2147483648
2147483647
-9223372036854775808
9223372036854775807
```

【实例 2-2】输出各类无符号整数的最小数值和最大数值。

程序代码如下：

```
import UIKit

print(UInt8.min)
print(UInt8.max)
print(UInt16.min)
print(UInt16.max)
print(UInt32.min)
print(UInt32.max)
print(UInt64.min)
print(UInt64.max)
```

程序运行结果如下：

```
0
255
0
65535
0
4294967295
0
18446744073709551615
```

2.1.2　浮点类型

Swift 语言中常用的浮点类型数据有单精度和双精度两种。它们的关键字和在内存中所占的字节和字位数分别如表 2-2 所示。

表　2-2

类型	关键字	占用字节	占用字位
单精度浮点数	Float	4 字节	32 位
双精度浮点数	Double	8 字节	64 位

2.1.3　字符类型

Swift 提供了一种用于文本的类型，即字符类型（Character），如 "A""B" 等。这里的字符类型跟其他高级语言中的字符型不同，在 64 位机中它占有的字节数是 9 字节而不是 1 字节。

Swift 还提供了一种用于处理文本的类型，即字符串类型 String。其实，字符串就是由一个或者多个字符组合而成的，在 64 位机中它占有的字节数是 24 字节。

2.1.4　布尔类型

布尔类型（Boolean）又称作布尔（Bool），用其表示布尔逻辑量。它永远只有两个值，即 true（真）和 false（假）。

2.1.5　Swift 特有字面值及数据类型——元组

一般字面值的用法都是非常直观的，Swift 提供了整型字面值、浮点型字面值、字符型字面值、字符串型字面值和布尔型字面值。例如：

```
3                               //整型字面值
12.1875                         //浮点型字面值
"A"                             //字符型字面值
"Hello"                         //字符串型字面值
true 或者 false                 //布尔型字面值
```

元组就是将多个不同类型的值放到一起，组合成一个元素。元组类型的字面值要用括号括起来，例如（3,12.1817,"Hello World"）。

在 Swift 编程中经常需要输出数据，这就要用上 print 了，况且 Swift 2.0 以上只能用 print。下面以输出元组值为例，简单介绍 print 的用法。

【实例 2-3】定义元组并输出它的值。

程序代码如下：

```
import UIKit

let number=(2019,"LeMax 2",2099.50)
print(number)
```

程序运行结果如下：

```
(2019, "LeMax 2", 2099.50)
```

其中，2019 是整数，"LeMax 2" 是字符串，2099.50 是双精度浮点数，它们组合在一起就构成了一个元组，将其赋予常量 number，用 print 可以直接输出该元组的值。

【实例 2-4】通过对元组元素初始化命名后输出元组的值。

程序代码如下：

```
import UIKit

let number=(year:2019,name:"LeMax 2",price:2099.50)
print(number.year)
```

```
print(number.name)
print(number.price)
```

程序运行结果如下：

```
2019
LeMax 2
2099.50
```

其中，2019 命名为 year（年），"LeMax 2" 命名为 name（一款国产手机的名字），2099.50 命名为 price（这款手机的售价）。year、name、price 相当于是元组 number 的成员，所以可通过 number.year、number.name、number.price 的形式输出它们的值。

【实例 2-5】用 "_" 作前缀代表成员变量后，使用占位符输出元组部分成员的值。程序代码如下：

```
import UIKit

let number=(2019,"LeMax 2",2099.50)
var(_year,_name,_price)=number
print("year=\(_year) name=\(_name) price=\(_price)")
let (_,name1,_)=number
print("name1=\(name1)")
```

程序运行结果如下：

```
year=2019 name=LeMax 2 price=2099.50
name1=LeMax 2
```

第一个 print 用 ["year=\(_year)" …] 的形式输出包括成员名称在内的元组元素的值，第二个 print 用了占位符 "_" 代表不输出值的成员，结果只输出包括成员名称在内的元组第二个元素的值。

2.2 运算符

Swift 提供了很多运算符，它们在程序中发挥着十分重要的作用。其功能是执行程序代码，针对一个或多个操作数进行运算。

2.2.1 赋值运算符

赋值运算符的功能是给变量或常量赋予值，它用 "=" 来实现，语法形式如下：

变量 = 操作数

例如，要给一个变量赋值，可以通过下面程序段实现。

```
var value:Int
value=100
print(value)
```

注意，在这里"="不是等于的意思，value=100 的含意是将 100 赋予整型变量 value。

赋值运算符在任何一门程序设计语言中都是使用十分频繁的运算符，我们可以通过下面的例子来很好地体会。

```
var value:Int
value=9
value=value+1
print(value)
```

程序运行结果如下：

```
10
```

赋值运算符的运算顺序是从右向左，运算符的运算顺序称为结合性，赋值运算符的结合性是右结合性。那么，以上程序段的解释是：首先定义一个整型变量 value，赋予它的初值为 9，然后再将其加 1 之后再赋予它，所以，value 的终值是 10。

赋值运算是一个"以新冲旧"的过程，即用新值去替换旧值。

2.2.2　一元加和一元减运算符

在操作数以前加一个"+"号，此"+"号就被称作一元加运算符。它基本上没有什么作用。由一元加运算符连接起来的式子称为一元加表达式，其语法形式如下：

```
+ 操作数
```

在操作数以前加一个"–"号，此"–"号就被称作一元减运算符。它的作用是改变运算符的性质，将正数变为负数，将负数变为正数。由一元减运算符连接起来的式子称为一元减表达式，其语法形式如下：

```
– 操作数
```

例如：

```
let value=8
print(value)
let aValue=-value
print(aValue)
let bValue=-aValue
print(bValue)
```

程序运行结果如下：

```
8
-8
8
```

2.2.3 算术运算符

算术运算就是通常所说的加、减、乘、除、取余运算。算术运算符分别为+、-、*、/、%，它们均为用两个操作数的二元运算符，其结合性为左结合性。它们的运算优先级为：*、/ 最高，% 次之，+、- 最低。由算术运算符构成的表达式称为算术表达式，算术表达式的语法形式如下：

操作数　算术运算符　操作数

其中，操作数一般是整数和浮点数。操作数可以为正数，也可以为负数。
例如，用算术运算符完成下列计算。

```
let value1=100
let value2=10
let sum=value1+value2
print("sum=\(sum)")
let dif=value1-value
print("dif=\(dif)")
let pro=value1*value2
print("pro=\(pro)")
let quo=value1/value2
print("quo=\(quo)")
let res=value%8
print("res=\(res)")
```

程序运行结果如下：

```
sum=110
dif=90
pro=1000
quo=10
res=4
```

由于操作数可以是正数，也可以是负数，那么，对于取余运算，余数的符号如何确定呢？

【实例 2-6】完成下列取余运算。

5%2=1	商为：2	
(-5)%2=-1	商为：-2	
5%(-2)=1	商为：-2	
(-5)%(-2)=-1	商为：2	

程序代码如下：

```
import UIKit

print(5%2)
print(-5%2)
```

```
print(5%(-2))
print(-5%(-2))
```

程序运行结果如下:

```
1
-1
1
-1
```

可见,取余运算余数的符号是由第一操作数来决定的。

2.2.4 比较运算符

比较运算符一般用于比较运算中,即对两个操作数的大小进行比较,其结果用 true 或者 false 表示。Swift 语言中提供了 6 种比较运算符,如表 2-3 所示。

表 2-3

符号	含义	示例	结果
<	小于	2<3	true
<=	小于或等于	7<=3	false
>	大于	7>3	true
>=	大于或等于	3>=3	true
==	等于	7==3	false
!=	不等于	7!=3	true

比较运算符通常用于条件语句中,使用比较运算符和操作数连接起来的式子称为比较表达式。其形式如下:

表达式　比较运算符　表达式

表达式可以是一个操作数,甚至还可以是运算符,此时比较的是运算符的优先级。比较表达式返回值的类型为 Bool(布尔类型)。

2.2.5 逻辑运算符

要实现某项功能,往往需要满足多个条件才能执行,例如,要判断某年是否是闰年,我们知道闰年二月份有 29 天,2000 年和 2016 年二月份都是 29 天,所以都是闰年,2100 年虽然未到,但从"万年历"中可以查到 2100 年二月份只有 28 天,因此 2100 年不是闰年。由此可以得到判断闰年的条件是:某年份能被 4 整除与不能被 100 整除,或者某年份能被 400 整除。在这里,"与""或"就是一种逻辑关系,所涉及的运算关系就是逻辑运算。逻辑运算符的功能就是把多个条件进行组合,从而实现更复杂的表达式。使用逻辑运算符连接起来的式子称为逻辑表达式。其形式如下:

条件表达式　逻辑运算符　条件表达式

其中，逻辑表达式返回的值是 Bool（布尔值）。

Swift 语言中提供了三种逻辑运算符，如表 2-4 所示。

表 2-4

符号	含义	示例	结果
&&	逻辑与	（表达式 1 && 表达式 2）	参与运算的表达式都为真时，结果才为真
||	逻辑或	（表达式 1 || 表达式 2）	参与运算的表达式只要一个为真，结果就为真
!	逻辑非	（! 表达式）	参与运算的表达式为真，结果就为假，反之亦然

因此，判断闰年（year）的条件可以写成：

```
( year %4 ==0 && year%100 !=0 || year%400==0 )
```

2.2.6　位运算符

位是用以描述计算机数据量的最小单位。在二进制系统中，每个 0 或 1 就是一个位。位运算是指按二进制进行的运算。Swift 语言中共有 6 个位运算符，如表 2-5 所示。

表 2-5

符号	含义	结　果
&	按位与	两个相应的二进制位都为 1，则该位为 1，否则为 0
|	按位或	两个相应的二进制位只要一个为 1，则该位为 1
^	按位异或	两个相应的二进制位值相同则为 0，相反则为 1
~	取反	将二进制数按位取反，即 0 变 1，1 变 0
<<	左移	将一个数的各二进位全部左移 n 位，右边补 0
>>	右移	将一个数的各二进位全部右移 n 位，对于无符号位，高位补 0

2.2.7　复合运算符

复合运算符是由赋值运算符和其他一些运算符合起来构成的运算符。Swift 语言中复合运算符共有 10 种，如表 2-6 所示。

表 2-6

符号	示例	含义	作用
*=	a*=b	等效于 a=a*b	乘后赋值
/=	a/=b	等效于 a=a/b	除后赋值
%=	a%=b	等效于 a=a%b	取余后赋值
+=	a+=b	等效于 a=a+b	加后赋值
-=	a-=b	等效于 a=a-b	减后赋值
<<=	a<<=b	等效于 a=a<<b	左移后赋值
>>=	a>>=b	等效于 a=a>>b	右移后赋值
&=	a&=b	等效于 a=a&b	按位与后赋值
|=	a|=b	等效于 a=a|b	按位或后赋值
^=	a^=b	等效于 a=a^b	按位异或后赋值

由这些复合赋值运算符连接起来的式子称为复合赋值表达式，其形式如下：

变量　复合赋值运算符　表达式

【实例 2-7】复合赋值运算应用举例。
程序代码如下：

```
import UIKit

var value=1
print(value)
value+=20
print(value)
value*=10
print(value)
value-=80
print(value)
value/=3
print(value)
value%=5
print(value)
```

程序运行结果如下：

```
1
21
210
130
43
3
```

2.2.8　溢出运算符

一般对一个整型变量 / 常量赋值时都不会超过它的承载范围，当超出时，Swift 会报错不让程序通过。如果是有意进行溢出操作，可以使用溢出运算符进行。Swift 提供的对整型数的溢出操作符有 3 个，即 &+、&-、&*。以溢出加法为例，观察一下它的作用。

【实例 2-8】溢出加法示例。
程序代码如下：

```
import UIKit

let a:Int16=32767
var b:Int16
b=a&+1
print("b=\(b)")
```

程序运行结果如下：

b=–32768

我们知道 Int16 整数的最大值为 32 767，进行加入运算后肯定会发生溢出，这里采用了溢出加法运算符 &+，加 1 之后，为什么会得到 –32 768 呢？

a 为有符号 Int16 整型数，在内存中存放的情况示意如下：

0	1	1	1	1	1	1	1	1	1	1	1	1	1	1	1

加 1 之后，b 在内存中存放的情况示意如下：

1	0	0	0	0	0	0	0	0	0	0	0	0	0	0	0

最高位的 1 既表示该数是负的，也表示该数的值为 32 768，所以 b 值是 –32 768，这是有符号 Int16 整型数的数值部分发生溢出而造成的。

2.2.9　区间运算符

Swift 语言还提供了两种可以方便地表达区间值的"区间运算符"：一种是闭区间运算符；另一种是半闭区间运算符。

1. 闭区间运算符

闭区间运算符为 ...。由闭区间运算符连接起来的式子称为闭区间表达式。其形式如下：

> 操作数 1...操作数 2

其中，区间从操作数 1 到操作数 2，并且包括操作数 1 和操作数 2，且操作数 1 必须小于操作数 2。

2. 半闭区间运算符

半闭区间运算符为 ..<。由半闭区间运算符连接起来的式子称为半闭区间表达式。其形式如下：

> 操作数 1..< 操作数 2

其中，区间从操作数 1 到操作数 2，并且只包括操作数 1 不包括操作数 2，且操作数 1 必须小于操作数 2。

区间运算符主要用于循环结构中，在此不再举例。

2.3　类型转换

在使用运算符进行实际运算时，经常会遇到左右两个操作数不是同一类型的情况，这时就需要使用到类型转换。在 Swift 语言中，所有的类型转换都是显式转换。

2.3.1　整数的转换

在 Swift 语言中整数类型共分为 8 种，当它们中的两种或两种以上出现在同一个表达式中时，就需要进行类型转换。其转换的形式如下：

整数的数据类型（整数类型的变量／常量）

【实例 2-9】将 UInt8 类型的数据转换为 UInt16 类型的数据示例。
程序代码如下：

```
import UIKit
let value1:UInt8=200
let value2:UInt16=1000
let sum=UInt16(value1)+value2
print(sum)
```

程序运行结果如下：

```
1200
```

2.3.2　整数与浮点数的转换

整数还可以转换为浮点数，其转换形式如下：

浮点数的数据类型（整数类型的变量／常量）

其中，浮点数的数据类型只有两种，即 Float 和 Double。

【实例 2-10】将整数类型的数据转换为浮点数类型的数据示例。
程序代码如下：

```
import UIKit
let value1=10
let value2=3.3333333
let sum=Double(value1)+value2
print(sum)
```

程序运行结果如下：

```
13.3333333
```

Swift 语言表达能力强，其中一个重要方面就在于它的表达式类型丰富，运算符功能强，因而使用灵活，适应性强。在后面几章中将会进一步看到这一点。

第 3 章

程序控制结构

　　初学者常常会有这样一种感觉：读别人编的程序比较容易，等到自己遇到问题编写程序时就难了。虽然学了程序设计语言，可还是不知从何下手。这是为什么呢？其中一个重要的原因就是没有掌握基本的算法。事实上，在生活中每做一件事情，都要遵循一定的步骤。例如，你来到一座城市，虽然有公共汽车，但是你不知道按照怎样的路线走才能找到你要去的地方。别人告诉你一条路线，如先乘什么车，在什么站下车，再换乘什么车，等等。这就好比告诉了你一个解决乘车问题的算法，于是你就可以沿着这条路线到达目标。下次再来时，你就不会感到为难了。所以，读者一定要重视算法的设计，多了解、掌握和积累一些计算机常用算法，不要急于编写程序，应养成编写程序前先设计好算法的习惯。

　　计算机是能够直接进行算术运算和逻辑运算的机器。算术运算是指加、减、乘、除等运算，运算结果是一个数值。例如计算机能够进行 5+4×3 的算术运算，求得的结果为 17。逻辑运算是指比较两个数值或一串字符的大小、判断一个条件（或称命题）是否成立等运算，运算结果是逻辑值"真"或"假"，又称为"是"或"否"以及"成立"或"不成立"等。如计算机能够判断命题 10>5 为真，能够判断命题 x<10 是否成立。当 x 的值确实小于 10 时，则判断出该命题成立；当 x 的值大于或等于 10 时，则判断出该命题不成立。

　　计算机除了能够对数据进行算术运算和逻辑运算外，还能够进行数据存储、传送等操作。

　　数据能够被临时性地保存在内部存储器（俗称内存）中，能够被永久性地保存在外部存储器（又称外存）中。数据传送是指数据从一种设备传送到另一种设备，或从同一个设备的一个存储位置传送到另一个存储位置中去。人们经常需要把数据从输入设备传送到内存、从内存传送到输出设备、在内存和外存之间相互传送以及在内存内部不同位置之间的进行传送等。

　　为了能很好地完成给定的任务，程序设计过程大致需要三步：

　　（1）确定算法与数据结构。

　　（2）用流程图表示程序的思想。

　　（3）用程序设计语言编制计算机程序。

　　那么，什么是算法呢？简言之，算法就是解决问题的步骤和方法。

　　利用计算机解决问题，首先要设计出适合计算机执行的算法，此算法包含的步骤必须是有限的，每一步都必须是明确的，且计算机最终能够执行。因此，算法中的每一步都只能是如下一些基本操作：数据存储、数据传送、算术运算、逻辑运算或它们的不同组合。

　　著名的计算机科学家沃思曾提出过一个经典公式：

$$程序 = 数据结构 + 算法$$

这个公式说明一个程序应由两部分组成：

❑　数据的描述和组织形式，即数据结构。

❑　对操作或行为的描述，即操作步骤，也称算法。

正如前面所说，知道乘车路线是找到目的地的关键，编写一个程序的关键就是合理地组织数据和设计算法。显然，去一个地方可能会有多条路线。同样地，解决一个问题也会有多种算法。例如，排序算法就有很多，如冒泡法、交换法、选择法等。程序设计语言则好比是汽车，它仅仅是实现算法（到达目的地）的工具。到达目的地，可以利用各种交通工具。同理，对于同一个算法，可以利用各种程序设计语言来实现。用不同的算法以及不同的程序设计语言解决同一个问题，只是速度、时间和效率上不同而已。每个程序都要依靠算法和数据结构，在某些特殊领域，如计算机图形学、语法分析、数值分析、人工智能和模拟仿真等，解决问题的能力几乎完全依赖于最新的算法和数据结构。因此，针对某个应用领域，要想开发出高质量、高效率的程序，除了要熟练掌握程序设计语言这种工具和必要的程序设计方法以外，更重要的是要多了解、多积累并逐渐学会自己设计一些好的算法。

程序设计分面向过程和面向对象两类。在面向过程的程序设计中，程序设计者必须拟定计算机的具体步骤，不仅要考虑程序应"做什么"，还要解决"怎么做"的问题，根据程序要"做什么"的要求，写出一个个语句，安排好它们的执行顺序。怎样设计这些步骤，怎样保证它的正确性和具有较高的效率，这就是算法需要解决的问题。所谓算法，就是一个有穷规则的集合，其中的规则确定了解决某个特定类型问题的运算序列。简单地说，就是为解决一个具体问题而采取的有限的操作步骤。当然，这里所说的算法仅仅是指计算机算法，即计算机能够执行的算法。

算法应具备如下特点：

❑ 有输入：可以有零个或多个输入。

❑ 有输出：必须具有一个或多个输出。

❑ 有穷性：在执行有穷步骤后结束。

❑ 确定性：对处理问题的结果不能出现二义性。

❑ 高效性：执行的时间要短，并且不占用过多的内存。

算法的描述方法有多种，下面仅介绍自然语言描述。

自然语言就是人们日常生活中使用的语言。用自然语言描述算法时，可以使用汉语、英语和数学符号等，比较符合人们日常的思维习惯，通俗易懂，初学者容易掌握。

举两个简单的例子。

【实例 3-1】从键盘读入一系列整数，计算并输出前 10 个正整数的和。

实例 3-1 的处理过程可以细化如下：

（1）设置求和变量 sum 并使其初值为零。

（2）读入键盘输入的数据。

（3）判断是否是正数，如果是正数则加入 sum 中。

（4）继续第（2）步和第（3）步，直到加入 10 个正整数为止。

（5）输出 sum 的值。

【实例 3-2】从键盘读入一系列整数，计算并输出前 10 个整数中正整数的和。

实例 3-2 与实例 3-1 相比仅增加了"整数中"三个字，题意就有所不同。

举一个具体例子。

设 x 为 1、-1、2、3、4、5、-5、6、7、8、9、10，实例 3-1 是求前 10 个正整数的和，即

sum=1+2+3+4+5+6+7+8+9+10=55

实例 3-2 是求前十个整数中正整数的和，即

sum=1+2+3+4+5+6+7+8=36

由此可见，它们的算法是有区别的，从我们设定的数据来看，实例 3-1 是计算前 12 个整数中的 10 个正整数的和，累加的是正整数的个数；改动后的实例 3-2 是计算前 10 个整数中的正整数的和，累加的是整数的个数。

算法并不涉及具体的编程语言，算法确定之后就可以用任何一门编程语言来编写程序了。

3.2　顺序结构

各执行语句之间存在一定的关系。最简单的一种关系就是从上到下顺序执行各语句。即先执行第 1 个语句，再执行第 2 个语句，再执行第 3 个语句……直到最后一个语句。这样编写的程序，就是顺序结构的程序。

顺序结构是最简单的 Swift 语言程序结构，也是 Swift 语言程序中最常用的程序结构，其特点是完全按照语句出现的先后次序执行程序。在日常生活中，需要"按部就班、依次进行顺序处理和操作"的问题随处可见。在 Swift 语言中，像赋值操作和输入输出操作等都属于顺序结构。

3.3　分支选择结构

我们仍从前面提出的一个具体问题谈起。

如何判断哪一年是否为闰年？闰年的特征是 2 月份有 29 天，我们知道 2004、2000 年是闰年，2005、2100 年不是闰年。2004 可以被 4 整除但不能被 100 整除，2000 可以被 400 整除，2005 不能被 4 整除，2100 虽可以被 4 整除却又可以被 100 整除。因此，通过对以上特例的分析，不难得出判断闰年的条件应是符合下面两者之一：① 能被 4 整除，但不能被 100 整除。② 能被 400 整除。也就是说，判断 year 年是否是闰年的条件应该是：year%4 等于零与 year%100 不等于零要同时满足，或是 year%400 等于零也可以。

这里存在的问题是如何编程来实现判断？这就涉及关系运算和条件运算。

在 Swift 5 中，条件运算可以用分支选择结构的 if 语句、switch 等语句来完成。

3.3.1　if 语句

if 语句用来判定所给定的条件是否满足，根据判定的结果（真或假）决定执行给出的两种操作之一。

Swift 提供了两种基本形式的 if 语句：单分支（见图 3-1）和多分支（见图 3-2）。

1. 单分支

```
if ( 布尔表达式 )
    语句
```

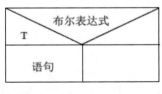

图　3-1

2. 多分支

```
if ( 布尔表达式 )
    语句 1
else
    语句 2
```

图　3-2

说明：两种形式的 if 语句都是由一个入口进入，经过对"表达式"的判断，分别执行相应的语句，最后归到一个共同的出口。这种形式的程序结构称为分支选择结构。在 Swift 中 if 语句是实现分支选择结构的主要语句。

两种形式的 if 语句中在 if 后面都有一个用括号括起来的表达式，它是程序编写者要求程序判断的"条件"，一般是关系表达式或逻辑表达式。

在执行 if 语句时先对表达式求解，若表达式的值为非 0，按"真"处理，执行后续语句，若表达式的值为 0，按"假"处理，不执行后续语句。

在 Swift 中，if 的意思是"如果"，else 的意思是"否则"。

【实例 3-3】if 语句示例。

程序代码如下：

```
import UIKit

let a=10
let b=15
if(a<b)
```

```
{
    print(b)
}
```

程序运行结果如下：

15

【**实例 3-4**】if-else 语句示例。

程序代码如下：

```
import UIKit

let a=10
let b=20
if(a>b)
{
    print(a)
}
else
{
    print(b)
}
```

程序运行结果如下：

20

3.3.2 if 语句的嵌套

在 if 语句中又包含一个或多个 if 语句称为 if 语句的嵌套。其一般形式是在 else 子句中嵌套。

if 语句嵌套的格式为：

```
if( 表达式 1)
    语句 1

else if( 表达式 2)
    语句 2
  else if( 表达式 3)
    语句 3
    …
    else 语句 n
```

【**实例 3-5**】嵌套的 if 语句示例。

程序代码如下：

Swift 开发技术标准教程

```
import UIKit

let value=85
if value<60
{
    print("此分数为不及格")
}
else if value<70
{
    print("此分数为及格")
}
else if value<90
{
    print("此分数为良好")
}
else
{
    print("此分数为优秀")
}
```

程序运行结果如下：

此分数为良好

3.3.3　多分支选择结构与 switch 语句

多分支问题可以用嵌套的 if 语句来处理，但如果分支较多，则嵌套的 if 语句层数多，程序就会冗长而使可读性降低。Swift 提供的 switch 语句可以直接处理多分支选择，用来实现多分支选择结构。

switch 语句又称开关语句。使用 switch 语句的关键问题是：switch 后的表达式必须是有序类型，而且求出的结果应当是一个离散的值而不是一个数值范围，这项工作一般要单列一句完成。

【实例 3-6】将用户意见转换为分数段：

A：85 ~ 100

B：70 ~ 84

C：60 ~ 69

D：<60

其他：error

这是一个多分支选择问题，可以用 if 语句的 else 嵌套方式解决，也可以用 switch语句来处理。

程序代码如下：

```
import UIKit

let grade="C"
switch (grade)
{
case "A":
    print("85~100")
case "B":
    print("70~84")
case "C":
    print("60~69")
case "D":
    print("<60")
default:
    print("error")
}
```

程序运行结果如下：

60~69

3.4　循环结构

在人们所要处理的问题中常常遇到需要反复执行某一操作的情况。例如，要输入
100 个学生的成绩、要求出 100 个自然数之和以及要在三位整数中找出"水仙花数"，
要在一定数值范围内找出全部"素数"等。诸如此类的问题都存在一个重复求解的过程，
需要用循环结构来进行处理。

Swift 5 主要提供以下三种循环语句：

❑　while 循环语句。

❑　for-in 循环语句。

❑　repeat-while 循环语句。

3.4.1　while 循环语句

while 循环语句的使用格式如下：

```
初值设置表达式
    while 条件表达式
    {
循环体语句
更新表达式
}
```

条件表达式是控制循环是否能发生和继续发生的条件。如果表达式的值为真，则执行循环体语句和更新表达式语句，否则将结束循环。

【实例3-7】用 while 编程求 1+2+3+⋯+100。

程序代码如下：

```
import UIKit

var i=0
var sum:Int=0
while(i<100)
{
    i+=1
    sum+=i
}
print("sum=\(sum)")
```

程序运行结果如下：

sum=5050

程序是按如下方式进行的：先分别用简洁方式和规范方式设置了控制循环的变量 i 和代表总和的变量 sum，它们的初始值都赋予 0。刚开始，循环变量 i 的值为 0，i<100，满足循环条件，循环进行，执行循环体 i+=1，即 i=0+1=1，sum+=i，sum=0+1=1；由于循环变量 i 的值此时等于 1，仍满足 i<100 的循环控制条件，循环继续进行，执行循环体。i=1+1=2，sum=1+2=3；此时循环变量 i 的值此时等于 2，仍满足 i<100 的循环控制条件，循环继续进行，执行循环体。i=2+1=3，sum=1+2+3=6；⋯⋯按此规律，循环变量 i 的值从 0 一直增加到 99。当 i 的值为 0 时，通过 i+=1，i 的值为 1，当 i 的值为 99 时，通过 i+=1，i 的值为 100，所以 sum 的值从 1 一直加到 100，达到了程序需执行的目的，最后通过 print 输出结果：sum=5050。

3.4.2 for-in 循环语句

在 for-in 循环语句中是使用区间运算符来控制循环的。下面先介绍一下 Swift 语言特有的区间运算符。区间运算符共有两个：一个是闭区间运算符，以 "..." 表示，例如，i in 0...5 代表 i>=0 和 i<=5，即 i 的值分别取 1、2、3、4、5；另一个是开区间运算符，以 "..>" 表示，例如，i in 0..>5 代表 i>=0 和 i<5，即 i 的值分别取 1、2、3、4。

【实例3-8】用 for-in 编程求 1+2+3+⋯+100。

程序代码如下：

```
import UIKit

var sum:Int=0
```

```
let end:Int=100
for i in 1...end
{
    sum+=i
}
print("sum=\(sum)")
```

程序运行结果如下：

sum=5050

程序是按如下方式进行的：先分别用规范方式设置了代表总和的变量 sum，它的初始值都赋予 0。接着用控制循环的变量 i 的终值的常量 end，它的值赋予 100。由 i in 1...end 可知，开始循环变量 i 的值为 0，执行循环体 sum+=i，sum=0+1=1；接着 i 取 2，sum=1+2=3；然后 i 又取 3，sum=1+2+3=6；……，按此规律，循环变量 i 的值从 0 一直取到 100。所以 sum 的值从 1 一直加到 100，达到了程序需执行的目的。最后，通过 print 输出结果：sum=5050。

比较起来，for-in 循环语句比 while 循环语句更简洁且更易理解。所以，在 Swift 语言中 for-in 循环语句使用得比较频繁。

另外在此说明一下，for 循环语句方式在 Swift 3.0 中就被遗弃，只推荐使用 for-in 循环语句。

3.4.3 repeat-while 循环语句

repeat-while 循环语句是用来替代 do-while 循环语句的，使用方法跟 do-while 循环语句一样。

【实例 3-9】用 repeat-while 编程求 1+2+3+…+100。

程序代码如下：

```
import UIKit

var i=0
var sum:Int=0
repeat
{
    i+=1
    sum+=i
}
while(i<100)
print("sum=\(sum)")
```

程序运行结果如下：

sum=5050

程序是按如下方式进行的：分别用简洁方式和规范方式设置了控制循环的变量 i 和代表总和的变量 sum，它们的初始值都赋予 0。开始，先执行循环体 i+=1，即 i=0+1=1，sum+=i，sum=0+1=1；由于循环变量 i 的值此时等于 1，满足 i<100 的循环控制条件，循环继续进行，执行循环体。i=1+1=2，sum=1+2=3；循环变量 i 的值此时等于 2，仍满足 i<100 的循环控制条件，循环继续进行，执行循环体。i=2+1=3，sum=1+2+3=6；……按此规律，循环变量 i 的值从 0 一直增加到 99。当 i 的值为 0 时，通过 i+=1，i 的值为 1，当 i 的值为 99 时，通过 i+=1，i 的值为 100，所以 sum 的值从 1 一直加到 100，直到此时已不满足"i<100"的继续循环条件，退出循环。最后通过 print 输出结果：sum=5050。

第 4 章

数组和字典

4.1 数组

4.1.1 数组的概念

数组是用来存储相同类型数据的序列化列表，相同的值可以在数组的不同位置出现多次。在 Swift 语言中，数组自身存储的数据类型是确定的，所以它很安全。数组同样也是一种变量，只是所指代的值比较特殊而已。所以在数组之前，必须声明和定义。

4.1.2 数组的定义

声明数组的完整形式如下：

```
Array<SomeType>
```

或者

```
[SomeType]
```

其中，参数 SomeType 为数据类型。

这两种定义方式在功能上是完全相同的，但后者更简洁。

一般数组的声明和定义是放在一起进行的，其语法形式如下：

```
let 常量数组名:[SomeType]=内容
var 变量数组名:[SomeType]=内容
```

其中，[SomeType] 可以省略不写，Swift 会自动推断其内容。内容的形式如下：

```
[内容1,内容2,…]
```

或者

```
[ ]
```

【实例 4-1】数组实例之一。

程序代码如下：

```
import UIKit

let array1:[Int]=[1,2,3,4,5]
print(array1)
```

程序运行结果如下：

```
[1, 2, 3, 4, 5]
```

4.1.3　数组的元素

内容即构成数组的元素，一般情况下数组元素是按顺序依次输出的。所以，当输出对象为数组名时，就按元素在数组中的顺序依次输出。

数组元素一般都是同一类型的数据，但是 Swift 中的数组功能强大，它可以输出由不同类型数据组成的特殊数据类型——元组的值。

【实例 4-2】数组实例之二。

程序代码如下：

```
import UIKit

let array2=[1,2,3,4,"Hello"] as [Any]
print(array2)
```

程序运行结果如下：

```
[1, 2, 3, 4, "Hello"]
```

4.1.4　数组的处理

Swift 有很多处理数组的程序接口，在此先介绍一个，即计算数组元素个数的 count 程序接口。

1. 用 count 方法计算数组元素个数

【实例 4-3】用 count 方法计算数组元素个数示例。

程序代码如下：

```
import UIKit

var arr=[0,1,2,3,4,5]
print(" 数组元素个数为 :\(arr.count)")
```

程序运行结果如下：

```
数组元素个数为：6
```

前面已经介绍过数组的定义应用和一个计算数组元素个数的 count 程序接口。在此继续介绍其他管理数组的程序接口，并介绍标志数组元素序号的"索引"。

2. 连接两个数组的简易方法"+"

【实例 4-4】用 "+" 运算符将两数组相连接示例。

程序代码如下：

```
import UIKit
```

```
let arr1=[1,2,3]
let arr2=[4,5,6]
var arr3=arr1+arr2
print(arr3)
```

程序运行结果如下：

[1, 2, 3, 4, 5, 6]

上述程序分别定义了两个常量数组 arr1 和 arr2，然后又定义了一个变量数组 arr3，并通过两数组名相加赋值给它。最后用数组名 arr3 输出其值。

3. 用"+="给数组追加元素

【实例 4-5】用 "+=" 运算符给数组追加元素示例。

程序代码如下：

```
import UIKit

var value=[1,2,3,4,5]
print("count=\(value.count)")
value+=[6]
print(value)
print("count=\(value.count)")
```

程序运行结果如下：

count=5
[1, 2, 3, 4, 5, 6]
count=6

上述程序先定义了一个由 5 个元素构成的数组 value，用 count 计算得到它的元素是 5 个。然后通过"value+= [6]"将值为 6 的第 6 个元素追加进数组。最后又用 count 计算得到它的元素是 6 个，表明追加成功。

4. 用 insert 程序接口将一个有值元素定位插入一个已知数组中

insert 程序接口的使用格式是：

```
insert(元素值,atIndex:插入位置的索引值)
```

这里必须注意，数组第一个元素的索引值是 0，而不是 1。

【实例 4-6】用 insert 程序接口将一个有值元素定位插入一个已知数组示例。
程序代码如下：

```
import UIKit

var arr=[1,2,3,4,5]
arr.insert(6,at:3)
print(arr)
```

程序运行结果如下：

[1, 2, 3, 6, 4, 5]

上述程序中用"arr.insert(6,at:3)"成功在第 4 个元素位置将整数 6 插入 arr 数组中。

【实例 4-7】用两数组对应元素相加送入第三个新的数组中。

程序代码如下：

```
import UIKit

var arr1=[1,2,3,4,5,6]
var arr2=[2,2,2,2,2,2]
var arr=[0,0,0,0,0,0]
let end:Int=5
for i in 0...end{
    arr[i]=arr1[i]+arr2[i]
}
print(arr)
```

程序运行结果如下：

[3, 4, 5, 6, 7, 8]

上述程序中先定义了两个各由 6 个元素组成的数组 arr1 和 arr2，然后定义了一个由 6 个初始值为 0 的新数组 arr。接着使用一个 for-in 循环语句实现 arr1 和 arr2 对应元素相加，并将其值之和赋予新数组 arr。

for-in 循环语句过程不难理解，当 i=0 时，i<=5 控制循环条件满足，执行循环体，此时 arr1[0]=1，arr2[0]=2，将 arr1[0]+arr2[0]=1+2=3 赋予 arr[0]；i 的值通过循环变量增值更新为 1，仍满足 i<=5 的控制循环条件，将 arr1[1]=2，arr2[1]=2，将 arr1[1]+arr2[1]=2+2=4 赋予 arr[1]；……直到 i 值变为 5，仍满足 i<=5 的控制循环条件，将 arr1[5]=6，arr2[5]=2，将 arr1[5]+arr2[5]=6+2=8 赋予 arr[5]；最后 i 值通过循环变量增值更新变为 6，不满足 i<=5 的控制循环条件，退出循环。新数组的值通过"print(arr)"成功输出。

【实例 4-8】使用闭区间运算符和 for-in 循环语句将索引值输出示例。

程序代码如下：

```
import UIKit

for index in 1...5
{
    print("\(index)*5=\(index*5)")
}
```

上述程序运行过程不难理解，当 index=1 时，用"1*5=5"输出；当 index=2 时，用"2*5=10"输出；…；当 index=5 时，用"5*5=25"输出。

程序运行结果如下：

```
1*5=5
2*5=10
3*5=15
4*5=20
5*5=25
```

【实例 4-9】使用半闭区间运算符和 for-in 循环语句将索引值输出示例。

程序代码如下：

```
import UIKit

for index in 1..<5
{
    print("\(index)*5=\(index*5)")
}
```

同样，上述程序运行过程很容易理解，当 index=1 时，用"1*5=5"输出；当 index=2 时，用"2*5=10"输出；…；当 index=4 时，用"4*5=20"输出。

程序运行结果如下：

```
1*5=5
2*5=10
3*5=15
4*5=20
```

【实例 4-10】使用 for-in 循环语句输出字符型数组元素示例。

程序代码如下：

```
import UIKit

var student:[String]=["张三","李四","王五","赵六"]
for item in student
{
    print(item)
}
```

程序运行结果如下：

```
张三
李四
王五
赵六
```

4.2 字典

4.2.1 字典的概念

字典和数组都属于集合类型，数组元素一般是同一数据类型或者是元组类型。一般来说，数据分数值类型和引用类型两类。数组的元素都是数值类型。字典元素则可以是数值类型，也可以是引用类型。

4.2.2　字典的元素

字典元素由键（例如，字符型姓名）和值（例如，整型成绩）组成。注意，在字典声明后赋值时，键值不允许重复，数值可以重复。

4.2.3　字典的声明

声明一个字型可以用如下三种方式。

1. 使用关键字 Dictionary 明确表明是一个字典

声明的具体方式是：

```
var 字典名：Dictionary< 键类型 , 数值类型 >=[ 键 1：数值 1，键 2：数值 2,…, 键 n：
数值 n]
```

【**实例 4-11**】声明一个由姓名键和成绩数值组成的字典，并将其输出。

程序代码如下：

```
import UIKit

var score:Dictionary<String,Int> = [" 张三 ":96," 李四 ":87," 王五 ":92," 赵
六 ":87]
for(name,score) in score
{
    print("\(name):\(score)")
}
```

上述程序首先声明了一个名为 score 字典，字典元素由姓名键（字符型）和成绩值（整型）组成。注意，在字典声明后赋值时，键值不允许重复，数值可以重复。关于这一点，从上例所赋予元素的值 [" 张三 ":96," 李四 ":87," 王五 ":92," 赵六 ":87] 就可以看出。从每个字典元素两部分之间的 ":" 号可以看出 "值（score）" 与 "键（name）" 的所属关系。程序最后用一个 for-in 循环语句分 4 行输出字典 4 个成员的键和值。

程序运行结果如下：

张三:96
王五:92
赵六:87
李四:87

2. 省略描述字典的关键字 Dictionary，用 [键类型:值类型] 方式声明是一个字典

声明的具体方式是：

```
var 字典名：[ 键类型 , 数值类型 ]=[ 键 1：数值 1，键 2：数值 2,…, 键 n：数值 n]
```

【**实例 4-12**】用省略字典关键字方式声明一个由姓名键和成绩数值组成的字典，并将其输出。

程序代码如下：

```
import UIKit

var score:[String:Int] = ["张三":96,"李四":87,"王五":92,"赵六":87]
print("count:\(score.count)")
for(name,score) in score
{
    print("\(name):\(score)")
}
```

程序运行结果如下：

```
count:4
张三:96
赵六:87
王五:92
李四:87
```

编写程序代码时要注意的是，由于省略了字典关键字，键类型和值类型必须用方括号括起来，表示它声明的对象是一个字典。

3. 使用简略方式声明一个由姓名键和成绩数值组成的字典

声明的具体方式是：

```
var 字典名 =[键1:数值1,键2:数值2,…,键n:数值n]
```

【**实例 4-13**】用简略方式声明一个由姓名键和成绩数值组成的字典，并将其输出。

程序代码如下：

```
import UIKit

var score = ["张三":96,"李四":87,"王五":92,"赵六":87]
print("count:\(score.count)")
for(name,score) in score
{
    print("\(name):\(score)")
}
```

程序运行结果如下：

```
count:4
张三:96
李四:87
王五:92
赵六:87
```

【**实例 4-14**】声明一个由姓名键和成绩数值组成的字典，并将其键和值分别输出。

由于键和值都是字典的成员，所以可以用"字典名.键名"和"字典名.值名"格式通过 for-in 循环语句由 print 输出。

程序代码如下：

```
import UIKit

var score:Dictionary<String,Int> = ["张三":96,"李四":87,"王五":92,"赵
六":87]
for name in score.keys
{
    print(name)
}
for score in score.values
{
    print(score)
}
```

注意上述程序中两个 for-in 循环语句的代码编写方式：

❑   for 键名 in 字典名.keys

❑   for 值名 in 字典名.vales

由于用了两个 for-in 循环语句，所以先将各字典元素的键值后将字典元素的数值分 8 行输出。

程序运行结果如下：

```
张三
赵六
王五
李四
96
87
92
87
```

第 5 章

控制转移

有些程序在运行过程中需要将控制进行转移，以中止程序运行或实现不同的功能。Swift 语言实现控制转移功能的语句有 break、continue、fallthrough、forloop 和 return 几种。

5.1　break

break 语句一般用在循环语句中，用来跳出整个循环。也就是说，break 是当条件满足（即为真）时，终止全部循环，即 break 语句结束的是整个循环。

不妨用一个实例来说明它的作用。

【实例 5-1】用 break 转移程序控制示例。

程序代码如下：

```
import UIKit

var m=0
while (m<5)
{
    if(m==3)
    {
        break
    }
    print("m=\(m)")
    m+=1
}
```

程序运行结果如下：

```
m=0
m=1
m=2
```

循环变量 m 的初值设置为 0，while 循环的控制条件设定为 m<5，循环变量的增值更新表达式为 m+=1。当 m=0 时，满足循环控制条件 m<5，执行循环体。在这里，循环体有三句。第一句是一个 if 单分支语句：if(m==3{break})，现在 m=0 不符合（m==3），所以不执行该语句。按顺序执行第二句：print("m=\(m)")，输出 m=0；接着执行第三句：m+=1，m=0+1=1，仍符合 m<5 的循环控制条件，继续循环。m=1 不符合（m==3），不执行 if 语句。直接执行第二句，输出 m=1；接着执行第三句，m=1+1=2，仍符合 m<5 的循环控制条件，继续循环。同理，输出 m=2。在执行第三句时，m=2+1=3，虽然也满足 m<5 的循环条件，进入循环体后，由于满足 if 的分支条件（m==3），执行 break 语句，跳出循环体，结束整个循环。该循环由于循环控制条件为（m<5）即 m 的取值为 0、1、2、3、4，原本应循环 5 次。但由于 break 的作用，只循环了三次就跳出结束了整个循环。

continue 是继续的意思，在程序执行到该语句时，将跳过其他尚未执行的循环体语句，开始再一次执行循环控制条件。至于下一次循环是否继续执行，仍然取决于对循环条件的判断结果。所以 continue 是当条件满足（即为真）时，终止该次循环，也就是说 continue 语句结束的只是本次循环即 continue 只能用在循环语句中，用来终止本次循环。

【**实例 5-2**】用 continue 转移程序控制示例。

程序代码如下：

```
import UIKit


var m=0
var n=0
while(m<3)
{
    while(n<3)
    {
        if(n==2)
        {
            n=5
            continue
        }
        print("n=\(n)")
        n+=1
    }
    print("m=\(m)")
    m+=1
}
```

该程序第一次涉及了循环的嵌套，即在 while 循环的循环体内又出现了 while 循环。

当循环语句的循环体中又含有循环语句时，就构成了循环的嵌套。为了保证程序的可读性，循环嵌套的层次一般不超过三层。这三层可以用外层循环、中层循环、内层循环来描述。

该程序首先设置了外循环变量 m 的初值和内循环变量 n 的初值均为 0。当 m=0 时满足外循环控制条件（m<3），执行外循环体。外循环体内又遇到内循环，当 n=0 时满足内循环控制条件（n<3），执行内循环体。在这里，内循环体有三句。第一句是一个 if 单分支语句：if(n==2{n=5 continue})，现在 n=0 不符合（n==2），所以不执行该语句。按顺序执行第二句：print("n=\(n)")，输出 n=0；接着执行第三句：n+=1，n=0+1=1，仍符合 n<3 的循环控制条件，继续循环。n=1 不符合（n==2），不执行 if 语句。直接执行第二句，输出 n=1；接着执行第三句，n=1+1=2，仍符合 n<3 的循环控制条件，继续循环。进入循环体后，由于满足 if 的分支条件（n==2），执行"n=5 continue"，内循

环变量 n 虽被赋予 5 的值，但未输出。接着执行 continue 跳出内循环体，又继续执行外循环体。用 print 输出 m=0。执行（m+=1），m=0+1=1 满足外循环控制条件（m<3），执行外循环体。外循环体内又遇到内循环。内循环是否执行呢？这里要特别注意，在执行 continue 语句时虽然终止了本次内循环，但内循环变量的值已为 2，仍满足内循环条件（n<3），内循环仍可以进行。然而由于进入循环体后，由于满足 if 的分支条件（n==2），执行 "n=5 continue"，内循环变量 n 虽被赋予 5 的值，但未输出。接着执行 continue 跳出内循环体，又继续执行外循环体。用 print 输出 m=1。执行（m+=1），m=1+1=2 满足外循环控制条件（m<3），执行外循环体。外循环体内又遇到内循环。内循环是否执行呢？这里内循环变量的值仍为 2，满足内循环条件（n<3），内循环仍可以进行。然而进入循环体后，由于满足 if 的分支条件（n==2），执行 "n=5 continue"，内循环变量 n 虽被赋予 5 的值，仍未输出。接着执行 continue 跳出内循环体，又继续执行外循环体。用 print 输出 m=2。执行（m+=1），m=2+1=3，不满足外循环控制条件（m<3），不执行外循环体，整个循环结束。

程序运行结果如下：

```
n=0
n=1
m=0
m=1
m=2
```

5.3 fallthrough

fallthrough 的含义是条件跳转，它需要与 switch 多分支语句配合使用，表示要强制执行下一个 case 来控制程序转移。我们通过一个例子来予以说明。

【实例 5-3】用 fallthrough 转移程序控制示例。

程序代码如下：

```
let m=3
switch m
{
case 1:print("m=1")
case 2:print("m=2")
case 3:print("m=3")
fallthrough
case 2:print("m=2")
default:print(" ")
}
```

上述程序开始声明了一个用于控制 switch 语句选择 case 分支的整型常量 m 并赋予值 3，进入 switch 后直接执行 case 3 分支，用 print 输出 m=3；接着执行 fallthrough 又强制执行 case 2 分支，用用 print 输出 m=2，程序运行基本结束。

程序运行结果如下：

```
m=3
m=2
```

5.4　forloop

forloop 是标签语句，主要用于结束对应的循环，一般是嵌套循环的外循环。

【实例 5-4】用 forloop 转移程序控制示例。

程序代码如下：

```
import UIKit

var i,j:Int
forloop:for i in  1...10
{
    for j in 1..<100
    {
        if i*j>505
        {
            print("\(i)*\(j)=\(i*j)")
            break forloop
        }
    }
    print("i=\(i)")
}
```

上述程序先设置了两个整型变量 i 和 j，分别用于控制外循环和内循环。外循环用 forloop 做了标记。首先执行外循环，循环变量 i 的初始值为 1，满足循环的控制条件 i<=10，执行外循环体。进入内循环，内循环变量 j 的初始值为 1，满足循环条件 j<100，执行内循环体。此时，i=1，j=1，i*j=1 不满足 if 单分支条件 i*j>505，不执行 if 语句，第一次循环结束；j 通过 j+=1 变为 2，满足循环条件 j<100，执行内循环体。此时，i=1，j=2，i*j=2 不满足 if 单分支条件 i*j>505，不执行 if 语句，第二次循环结束；……当 j 变为 99 时，仍满足环条件 j<100，执行内循环体。此时，i=1，j=99，i*j=99 不满足 if 单分支条件 i*j>505，不执行 if 语句，第 99 次循环结束；j 值增至 100，不满足循环条件，退出内循环，转入执行外循环体，此时，i=1，j=100，用 print 输出。外循环控制变量值通过 i+=1 增至 2，重复以上过程，输出 i=2，外循环控制变量值通过 i+=1 增至 3，重复以上过程，输出 i=3，j=100；外循环控制变量值通过 i+=1 增至 4，重复以上过程，输出 i=4，j=100；外循环控制变量值通过 i+=1 增至 5，重复以上过程，输出 i=5，j=100；直到 i 值增至 6，j 又从 1 开始不断增 1 直至增加到 85 时，由于 i*j=6*85=510>505，满足 if 单分支条件，此时执行 print("\(i)*\(j)=\(i*j)") 输出 6*85=510，接着执行"break forloop"，跳出外循环，整个程序运行结束。

程序运行结果如下：

```
i=1
i=2
i=3
i=4
i=5
6*85=510
```

5.5   return

return 主要用在函数中返回值，在第 7 章阐述函数时再做介绍。

第 6 章

枚举和结构体

表示枚举的关键字是 enum，在定义枚举名之后，用一对大括号将前面用 case 枚举
成员值表示的内容括起来，就可以完成对枚举的完整声明。枚举将相关的值集合在一起，
以便于事后进行管理。例如：

```
enum MapDirection
{
    case North
    case South
    case East
    case West
}
```

该程序段代码声明了一个关于"地图位置"的枚举。其中 North、South、East、
West 就是名为 MapDirection 枚举的成员。

【**实例 6-1**】声明一个名为 MapDirection 的枚举，并用 switch 分支语句配合 print
输出某一个枚举成员的变量值。

程序代码如下：

```
import UIKit

enum MapDirection
{
    case North
    case South
    case East
    case West
}
let Direction=MapDirection.South
switch Direction {
case .North:
    print(" 这是朝北方向 ")
case .South:
    print(" 这是朝南方向 ")
case .East:
    print(" 这是朝东方向 ")
case .West:
    print(" 这是朝西方向 ")
}
```

程序运行结果如下：

这是朝南方向

上述程序中开始声明了一个名为 MapDirection 的枚举，其成员依次分别为 North、South、East、West。接着声名了一个枚举成员 East 所属的成员常量 Direction。最后用 Direction 作为 switch 分支的依据。通过"case .South"选择"这是朝南方向"输出。

枚举还有一种简洁声明格式，只保留一个 case，成员之间用逗号分隔。前面枚举的简洁格式即可表示为：

```
enum MapDirection
{
    case North, South, East, West
}
```

【实例 6-2】用简洁格式声明一个名为 MapDirection 的枚举，并用 switch 分支语句配合 print 输出某一个枚举成员的变量值。

程序代码如下：

```
import UIKit

enum MapDirection{
    case North,South,East,West
}
let Direction=MapDirection.East
switch Direction
{
case .North:
    print(" 这是朝北方向 ")
case .South:
    print(" 这是朝南方向 ")
case .East:
    print(" 这是朝东方向 ")
case .West:
    print(" 这是朝西方向 ")
}
```

程序运行结果如下：

这是朝东方向

枚举的一个特点是使用安全，这是因为枚举会将使用的成员值列出来，若一旦使用的不是枚举的值，系统将会给出错误的信息。

6.2 结构体

声明结构体的关键字是 struct，它的使用跟类相似，但类的成员是引用类型，而结构体的成员是值类型。结构体成员的值，可以用通过已声明的结构体变量 . 结构体成员的格式调用。"."称为成员访问符。

【实例 6-3】声明一个名为 number 有两个成员 add 和 aug 的结构体，通过声明的
结构体变量去访问并处理成员的值。

程序代码如下：

```
import UIKit

struct number
{
    var add:Int=6
    var aug:Int=8
}
var newNum=number()
print(" 乘积为 :\(newNum.add*newNum.aug)")
```

程序运行结果如下：

乘积为: 48

【实例 6-4】声明一个名为 Point 有两个成员 x 和 y 的结构体，通过声明的结构体
变量去改变并输出成员的值。

程序代码如下：

```
import UIKit

struct Point
{
    var x=10
    var y=10
}

var onePoint=Point()
print("onePoint.x=\(onePoint.x)")
print("onePoint.y=\(onePoint.y)")

print("\n 将原点坐标改为 (20,30)")
onePoint.x=20
onePoint.y=30
print("onePoint.x=\(onePoint.x)")
print("onePoint.y=\(onePoint.y)")
```

程序运行结果如下：

onePoint.x=10
onePoint.y=10

将原点坐标改为(20,30)
onePoint.x=20
onePoint.y=30

还可以在定义结构体的属性时只告知其类型，不给出初始值。利用语句"var onePoint=Point(x:10,y:10)"在定义一个变量时设置初始值的方式处理结构体问题。

【实例 6-5】声明一个名为 Point 有两个成员 x 和 y 的结构体，用简略方式通过声明的结构体变量去改变并输出成员的值。

程序代码如下：

```
struct Point
{
    var x:Int
    var y:Int
}

var onePoint=Point(x:10,y:10)
print("onePoint.x=\(onePoint.x)")
print("onePoint.y=\(onePoint.y)")

print("\n 将原点坐标改为 (20,30)")
onePoint.x=20
onePoint.y=30
print("onePoint.x=\(onePoint.x)")
print("onePoint.y=\(onePoint.y)")
```

程序运行结果如下：

```
onePoint.x=10
onePoint.y=10

将原点坐标改为(20,30)
onePoint.x=20
onePoint.y=30
```

第 7 章

函数和泛型

7.1 函数

函数（function）是执行某个特定任务的片断程序。设置函数的意图是将程序予以模块化，减少重复性，以达到分工合作和利于维护的目的。函数就参数而言分为无参函数和有参函数两大类。有参函数头的参数表不是空的，要想使用有参函数首先要对函数进行声明和定义，它的声明和定义是同时进行的。声明定义的一般形式如下：

```
func 函数名 ( 参数名 : 参数类型 ) —> 返回值类型
{
    语句
}
```

参数表由参数名和参数类型组成，中间用英文冒号 ":" 将它们分开。

有参函数的调用则采用如下形式：

```
函数名 ( 参数值 )
```

如果不止一个参数，可以用英文逗号分隔，调用时按顺序用英文逗号分隔相应的参数值。

【实例 7-1】用函数编程实现对某些人的问候。

程序代码如下：

```
import UIKit

func hello(Name:String)
{
    print(" 你好 ,\(Name)")
}
let personName1=" 张三 !"
hello(Name: personName1)
let personName2=" 李四 !"
hello(Name: personName2)
```

程序运行结果如下：

```
你好,张三!
你好,李四!
```

从函数头可以看到，函数名是 hello，参数名是 Name，参数类型是字符串型。

hello() 方法被调用两次：第一次用常量字符串值 "张三！" 调用 hello() 方法，其后跟 print 语句中的 "你好," 连接后运行输出 "你好,张三！"；第二次用常量字符串值 "李四！" 调用 hello() 方法，其后跟 print 语句中的 "你好," 连接后运行输出 "你好,李四！"。

【实例 7-2】调用有返回值类型的函数示例。

程序代码如下：

```
import UIKit

func sumAndAverage()->(sum:Int,average:Double)
{
    let data=[1,2,3,4,5,6,7,8,9,10]
    var sum=0,average=0.0
    for i in data
    {
        sum+=i
    }
    average=Double(sum)/Double(data.count)
    return(sum,augg)
}
let counter=sumAndAverage()
print("总和:\(counter.sum),平均值:\(counter.average)")
```

程序运行结果如下:

总和:55,平均值:5.5

上述程序声明了一个带两个返回值 sum 和 average 的无参函数 sumAndAverage()。函数体中首先声明了一个常量数组 data，其元素值分别为 1、2、3、4、5、6、7、8、9、10；接着对两个参数变量赋予初始值 0，通过 for-in 循环从数组中调用元素值求得其和，再求得其平均值，并将总和 sum 和平均值 average 返回到调用处。

我们知道函数在没有被调用之前是没有生命力的，只有通过调用才能发挥作用，所以分析程序中函数的功能应从函数调用开始。

上述程序设置了一个获得函数返回值的常量对象 counter，通过调用 sumAndAverage() 函数，才开始执行函数体。循环变量 i 从数组 data 中获得元素值，再通过"sum+=i"得到 sum=55。在求平均值时先用 Double(sum) 将其值强制转换为双精度度浮点数 55.0，再用 data.count 求得数组元素的个数为 10 并用相同办法将其强制转换为 10.0，将其相除值 5.5 赋予平均值变量 average。并通过 return(sum,average) 返回至调用处将其值赋予常量对象 counter 管理。最后通过 counter.sum 和 counter.average 访问并由 print 输出。

【实例 7-3】使用结构体和函数调用访问和处理结构体成员的值。

程序代码如下:

```
import UIKit

struct Summation
{
    var add:Int
    var aug:Int
    func sum()->Int
    {
        return add*aug
```

```
        }
    }
let newStruct=Summation(add:5,aug:8)
let newNum=newStruct.sum()
print("newNum=\(newNum)")
```

程序运行结果如下：

newNum=40

上述程序首先声明了一个名为 Summation 的结构体，其成员有整型变量 add、整型变量 aug 和一个返回值类型为整型的无参函数 sum()。作为结构体成员，它们都只能被结构体对象调用才能发挥作用。接着声明了一个结构体对象 newStruct 并通过 Summation(add:5,aug:8) 对结构体两变量成员赋值。再通过 newStruct.sum() 对结构体的函数成员进行调用，返回 add*aug=5*8=40 的值赋予整型常量 newNum，最后用 print 输出：newNum=40。

在定义函数时，如果不确定参数的数量，可以通过在变量类型后面加（...）定义可变参数。一个函数最多只能有一个可变参数，且必须是参数表中最后的一个。为避免在调用函数时产生歧义，一个函数如果有一个或者多个参数，并且还有一个可变参数，一定要把可变参数放在最后。

【实例 7-4】编写一个可变参数的函数示例。

程序代码如下：

```
import UIKit

func getAverage(numbers:Double...)->Double
{
    if numbers.count= =0
    {
        return 0.0
    }
    var total:Double=0
    for number in numbers
    {
        total+=number
    }
    return total/Double(numbers.count)
}
//let average=getAverage()
let average=getAverage(numbers:1,2,3,4,5,6)
print(average)
```

程序运行结果如下：

3.5

如果改为无参数，可以使用下面语句运行：

```
let average=getAverage()
print(average)
```

程序运行结果将为 0.0。

Swift 中每个函数都有一个类型，包括函数的参数类型和返回值类型。可以方便地使用这种类型，就像使用其他类型一样。

在日常的开发工作中，可能会遇到这样的情况：当用户通过用户名（一般为电子邮箱名或者手机号）和密码登录系统后，需要从服务器获取用户的姓名、用户级别和头像信息。对于这样需要同时返回多条信息的函数，可以使用元组来组织函数返回的所有内容。

【**实例 7-5**】编写一个元组作返回值类型实现多个返回值的函数示例。

程序代码如下：

```
import UIKit

func getUserInfo(userId:String)->(userName:String,userLevel:Int,photo
Path:String)
{
    let userName="XieNing"
    let userLevel=3
    let netPath="http://www.265.com/
    return(userName,userLevel,netPath)
}
let message=getUserInfo(userId:"1234")
print(message.0)
print(message.1)
print(message.2)
```

程序运行结果如下：

```
XieNing
3
http://www.265.com/
```

在有些算法中，需要比较相邻两个数字的大小。例如，对一个数组中的数字进行升序或者降序排列时，常需要交换两个数字在数组中的位置。这时可以创建一个拥有两个参数的函数 swap() 来实现相邻数字之间的互换操作。

如果想要通过一个函数修改参数的值，并且这些修改在函数结束调用后仍然存在，就可以将参数定义为输入输出参数。这可以通过在参数的前面添加 inout 关键字来实现。

同时，传入函数的参数只能是变量而不是常量。当传入的参数作为输入输出参数时，在参数前面加上 & 符号，表示这个参数是可以被修改的。

【**实例 7-6**】编写一个用输入输出参数实现两数交换的函数示例。

设置 temp 作为一个数据交换的临时变量，例如我们要将一个装满红色水的瓶子里的红色水要与装满蓝色水的瓶子里的蓝色水相互交换，必须要准备一个空瓶子，两数据交换也需要一个"空瓶子"，它就是临时变量 temp。我们用 a 表示装红色水的瓶子，b 表示装蓝色水的瓶子，要将瓶中两种水交换，必须先将红色水倒入空瓶子中，然后将蓝色水倒入原来装红色水的瓶子中，最后将红色水倒入原来装蓝色水的瓶子中才能完成设定的交换任务。所以，对照一下就不难理解两数交换函数代码的含义了。

程序代码如下：

```
import UIKit

func swap(prevNumber:inout Double,nextNumber:inout Double)
{
    let tempNumber=prevNumber
    prevNumber=nextNumber
    nextNumber=tempNumber
}

var preNumber=5
var nextNumber=3
swap(&preNumber,&nextNumber)
print(preNumber)
print(nextNumber)
```

程序运行结果如下：

```
3
5
```

7.2 泛型

在程序设计中要实现任意类型的两个数的交换，可以设置一个模板，对于整型数、字符串型数或者双精度浮点数，均可以进行交换。这里介绍的泛型就是模板。显然，泛型类型函数程序可以使程序更具灵活性，并且可以被重复利用。

编写泛型类型函数的步骤是：将涉及不同代码的部分用 T 表示，并且在函数名后面加上 <T> 即可，我们称 T 为泛型（模板）参数，它是由用户命名的，也可以取别的名称。

【实例 7-7】应用泛型实现两个不同类型数据的交换。

程序代码如下：

```
import UIKit

func swapData<T>( a: inout T, b:inout T)
{
    let temp=a
    a=b
```

```
        b=temp
}


var oneInt=100
var anotherInt=200
print(" 交换前 :")
print(" 前者为 :\(oneInt), 后者为 :\(anotherInt)")
swapData(a:&oneInt,b:&anotherInt)
print(" 交换后 :")
print(" 前者为 :\(oneInt), 后者为 :\(anotherInt)")


var oneString="Hello"
var anotherString="Swift"
print(" 交换前 :")
print(" 前者为 :\(oneString), 后者为 :\(anotherString)")
swapData(a:&oneString,b:&anotherString)
print(" 交换后 :")
print(" 前者为 :\(oneString), 后者为 :\(anotherString)")


var oneDouble=123.456
var anotherDouble=654.321
print(" 交换前 :")
print(" 前者为 :\(oneDouble), 后者为 :\(anotherDouble)")
swapData(a:&oneDouble,b:&anotherDouble)
print(" 交换后 :")
print(" 前者为 :\(oneDouble), 后者为 :\(anotherDouble)")
```

程序运行结果如下：

```
交换前:
前者为:100,后者为:200
交换后:
前者为:200,后者为:100
交换前:
前者为:Hello,后者为:Swift
交换后:
前者为:Swift,后者为:Hello
交换前:
前者为:123.456,后者为:654.321
交换后:
前者为:654.321,后者为:123.456
```

程序中的第一段代码是借助泛型参数实现两个数据交换的泛型函数。

```
func swapData<T>(inout a:T,inout b:T)
{
    let temp=a
    a=b
```

```
        b=temp
}
```

任何函数都是需要调用才能发挥作用的，因此下面用了三段代码进行调用。它们是：

❑ swapdata(&oneInt,b:&anotherInt)，其中 oneInt 值在定义时已赋值 100，anotherInt 已赋值 200。

❑ swapdata(&oneStringt,b:&anotherString)，其中 oneString 值在定义时已赋值"Hello"，anotherString 已赋值 "Swift"。

❑ swapdata(&oneDouble,b:&anotherDouble)，其中 oneDouble 值在定义时已赋值 123.456，anotherDouble 已赋值 654.321。

用这些原值调用泛型函数后，便通过第一段代码实现了交换。

第 8 章

扩展和协议

扩展的关键字是 extension，扩展的含义是延伸出原来没有的功能。扩展的对象可以是属性、方法和索引等。

8.1.1 属性扩展

Douber 是双精度浮点类型，可以将其进行扩展成 mile（英里）和 m（米）两个计算属性。例如，我们定义 mile 属性为 self*1.6（1mile=1.6km，self 代表当前值），定义 m 属性为 self/1000（1km=1000m）。

若要调用扩展的属性，则需要使用点运算符"."，如 100.milf 表示将 100mile 换算成千米数，而 100.m 则表示将 100m 换算成千米数。

【实例 8-1】属性扩展示例。

程序代码如下：

```
import UIKit

extension Double
{
    var mile:Double{return self*1.6}
    var m:Double{return self/1000}
}
let oneHundredMile=100.mile
print("100mile是 \(oneHundredMile)km")
let oneHundredMeter=100.m
print("100m是 \(oneHundredMeter) km ")
```

上述开始用 extension 关键字表示对 Double 的属性进行扩展，在一对大括号中用（var mile:Double{return self*1.6}）定义变量 mile 的属性为 self*1.6，用（var m:Double{return self/1000}）定义变量 m 的属性为 self/1000。接着声明了一个常量 oneHundredMile（意为 100mile），将 100.mile 的计算结果赋予它；声明了另一个常量 oneHundredMeter（意为 100m），将 100.m 的计算结果赋予它。

程序运行结果如下：

```
100mile是160.0km
100m是0.1km
```

8.1.2 方法扩展

可以用 extension 关键字和 mutating 方法来扩展一个 Int 实例方法，mutating 的含义是改变，例如，在 extension Int 下用 mutating func cube() 来改变实例方法 cube() 的功能。

【实例 8-2】方法扩展示例。

程序代码如下：

```
import UIKit

extension Int
{
    mutating func cube()
    {
        self=self*self*self
    }
}
var intObj=5
intObj.cube()
print("立方体的体积是:\(intObj)")
```

程序运行结果如下：

立方体的体积是:125

由于受到 mutating 的控制，限制了 cube() 方法对 self 的更改。当定义一个被 5 赋予值的变量之后，intObj.cube() 就相当于用 5.cube() 调用受 mutating 控制的 cube() 方法，且将值 5 赋给了 self。通过 self=self*self*self 将 self 的值即 intObj 的值变更为 125。

【实例 8-3】不用 mutating 而改用返回值的方法扩展示例。

程序代码如下：

```
import UIKit
extension Int
{
    func cubedInt()->Int
    {
        return self*self*self
    }
}
let cubed5=5.cubedInt()
print("立方体的体积是:\(cubed5)")
```

程序运行结果如下：

立方体的体积是:125

程序用 extension Int 来扩展无参带整型返回值的实例方法 cubedInt()，当用 5.cubedInt() 进行方法调用时，将当前值 self*self*self=5*5*5=125 返回调用处，最后用 print 输出结果。

协议的关键字是 protocol，通过定义属性和方法的协议，可以用来完成某一项任务的雏形。其使用格式是：

```
protocol 协议名称
{
    协议的定义
}
```

注意，协议只有定义，没有实现部分。

下面以属性协议和方法协议为例，对协议进行简单介绍。

8.2.1 属性协议

由于属性协议大多数声明为变量的属性协议，因此会在前面加上 var 关键字。类型声明后，以 get、set 分别表示获得和设置的属性。

【实例 8-4】属性协议示例。

程序代码如下：

```
import UIKit

protocol Name
{
    var name:String{get set}
}
struct Person:Name
{
    var name:String
}
var someone=Person(name:"张三")
print(someone.name)
someone.name="李四"
print(someone.name)
```

程序运行结果如下：

```
张三
李四
```

上述程序首先声明了一个名为 Name 的协议，其中定义了一个字符串型变量 name，并以 get 表示获得属性，以 set 表示设置属性。其次声明了一个名为 Person 的 Name 协议类型的结构体，其成员为字符串型变量 name。接着声明了一个结构体变量 someone，并通过 get 获得成员值"张三"，用 print 输出；最后另一成员值"李四"直接通过结构体变量 someone 访问结构体成员 name 而获得，并通过 print 输出。

8.2.2 方法协议

方法协议比属性协议使用得更多。方法协议也只是一个方法的雏形，当某一个类、结构或枚举采纳了此方法协议后，必须有实现此方法雏形的主体。

【实例 8-5】方法协议示例。

程序代码如下：

```swift
import UIKit

protocol Area
{
    func getArea()->Double
}

struct Circle:Area
{
    var rad=0.0
    init(rad:Double)
    {
        self.rad=rad
    }
    func getArea()->Double
    {
        return rad*rad*3.14159
    }
}

let circleObject=Circle(rad:10.0)
print(" 圆面积 :\(circleObject.getArea())")
```

程序运行结果如下：

圆面积：314.159

上述程序首先用 protocol 声明了一个名为 Area 的 getArea() 方法的协议，此方法无参数，返回值类型为 Double。接着声明了一个方法协议类型名为 Circle 的结构体。结构体成员为变量 rad，其初始值为 0.0。另一个成员是名为 init 的方法，其参数为 rad，其功能是接受被调用传来的参数值。第三个成员是被 protocol 声明过的一个名为 Area 的 getArea() 方法的协议。其方法体是返回圆的面积值 red*red*3.14159。

最后定义了一个名为 circleObject 的结构体变量，其获得成员 rad 值为 10.0。用 circleObject. getArea() 调用 getArea() 方法，返回圆面积值 314.159，由 print 输出。

第 9 章

类的封装、继承和多态

9.1　事件驱动机制

　　iOS 程序设计是基于事件驱动的。程序的运行不是由事件的顺序来控制的，而是由能触发的事件来控制的，它是一种面向用户的程序设计方法。其中，消息驱动机制是iOS 程序设计的精髓。当单击、击键、移动窗口或改变大小等事件产生时，iOS 系统都会向特定的窗口发送消息。

　　事件驱动机制有何优越性呢？不妨从一个实例说起。

　　例如，计算女子体操运动员参加四项全能比赛的总成绩并排出名次。事件驱动机制在处理该事件的过程如图 9-1 所示，如果按左边的顺序过程来处理，在某运动员没有完成全部项目动作之前，是无法计算总成绩并进行排序的，更不要说同时进行另一个项目的角逐了。然而 iOS 的处理方式就不同了，它是按事件驱动的机制来进行的，图 9-1 中右边是它的消息队列，只要通过键盘输入任一运动员的任一个项目的成绩，就可以计算总成绩并进行排序，当然这仅是临时的排序，即使如此，运动员也可以根据这个临时的排序，制定下一步的比赛策略。不仅如此，运动员还可以同时进行不同项目的角逐，大大缩短比赛所用的时间。其处理过程之灵活、运行效率之高，显而易见。

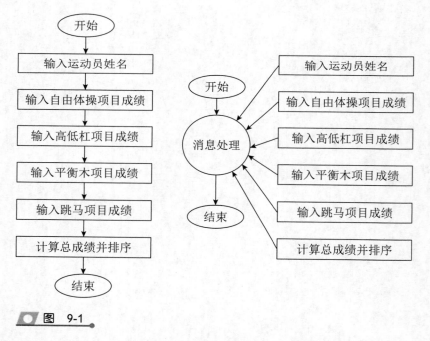

图 9-1

　　事件驱动机制为程序设计提供了许多便利，对那些需要用户大范围干预的应用程序，即常说的"工程"项目或"应用系统"来说，更体现出其优越性。

9.2 类的封装

9.2.1 对象的概念

在客观世界中，人们处理问题都是面向对象的，对象是构成系统的基本单位。在实际社会生活中，人们都是在不同的对象中活动的。

一个具体的杯子是一个对象，它的属性有口径、型号和材质等，对它的操作（或者说它的行为）是盛水等。

一辆具体的汽车也是一个对象，它的属性有品牌、型号和排量等，对它的操作（或者说它的行为）是开动和转弯等。

一个具体的人同样也是一个对象，人的属性有性别、身高和体重等，人的行为（也可称为操作）有走路、吃饭、学习、工作等。

对象的基本特征分为静态特征和动态特征，我们不妨举两个具体的例子。

例如，学生在一个班级中上课、开会、开展社团活动和文体活动等。这里的对象是班级，它的静态特征是所属系、专业、学生人数和所在教室等，它的动态特征有上课、开会、开展社团活动和文体活动等。

又如我们所熟悉的计算机也是一个对象，它的静态特征（或者说属性）有CPU、内存、硬盘、主板、显卡、声卡、键盘、鼠标、光驱等，它的动态特征（或者说行为）有打字、上网、游戏、编程、处理图像、听音乐、欣赏影视节目等。可以说，计算机的组成部件和计算机所做的各种事情共同描述了一台计算机。

9.2.2 类的概念

类则是一个抽象的概念，用来描述某一类对象所共有的、本质的属性和类的操作与行为。对象则是类的一个具体实现，又称为实例。以杯子为例，它是描述这类对象共有的、本质的属性和操作、行为的抽象体，而大杯子和小杯子则是杯子类的某个实例，或者说是杯子类的具体对象。

类是具有共同特征的对象的抽象，例如，教师肩负传道、授业、解惑重任的一类人；学生接受思想教育、道德教育、专业教育、人文教育的一类人。教师和学生同属于人类，他们是人类的两个属性和行为各不相同的对象（也可称实例）。

用一句形象的话来概括，类（class）就是"设计图"。例如，在启动任何一个桌面应用程序后，都会显示其图形用户界面的窗口，这个窗口就是根据"窗口类"这个设计图创建的。另外，窗口上一定会有按钮，按钮也是根据"按钮类"的设计图生成的。

为了在程序中生成窗口、按钮这些东西，首先需要创建窗口以及按钮的设计图，称之为类。"东西"就是所谓的对象（object）。

9.2.3 面向对象的概念

在现实世界中任何事物都是对象。类定义了现实世界中的一些事物的抽象特点，定义了事物的属性和它的行为。例如，在银行存、取款，需要建立一个"银行账号类"，它包含了开户名、账户号、存款余额等基本属性，也涵盖了存款和取款等操作行为。对象是类的实例。例如，"李明的账号"这个对象就是一个具体的银行账号，它的属性有开户名"李明"、账号"1234567890987654321"、存款余额"3 万元"，因此，李明的账号就是银行账号类的一个实例。

为什么要从过程化编程发展到对象化编程？仍以存款、取款为例。

一般银行的账户类型分储蓄、贷款和支票三类，处理这三类账户的项目不太一样。银行账户处理项目如表 9-1 所示。

表 9-1

账户类别	项目1	项目2	项目3	项目4	项目5	特征
储蓄类	开户名	账号	余额	年利率	账目	随时存入和支取
贷款类	开户名	账号	余额	年利率	账目	一次支取多次存入
支票类	开户名	账号	余额		账目	一次存入多次支取

面向过程程序设计的操作项目和操作手段如下：

操作项目	操作手段
查询	使用查询函数
存款	
取款	使用修改函数
转账	

面向过程程序设计存在的问题有：

❑ 数据默认公有，易被修改。户名和账号由银行掌握，易泄密而造成账户的损失。

❑ 数据和数据处理分离，管理不便，结构繁杂。

❑ 代码无法重用。

❑ 数据与数据处理分离，代码的重用性差，程序的维护十分困难。当程序规模较大时，必然会显得力不从心。

针对面向过程结构化程序设计的种种缺陷，人们提出了面向对象的程序设计方法。

面向对象程序设计是软件系统设计与实现的新方法，这种方法是通过增加软件的可扩充性和可重用性来提高程序设计者的生产能力，控制软件的复杂性，降低软件维护的开销。因此，它的应用使软件开发的难度和费用大幅度降低，已为世界软件产业带来了革命性的突破。

类就是对象的模型，而对象就是类的一个实例。类是一种逻辑结构，而对象是真正存在的物理实体。面向对象的程序设计就是使用类和实例进行设计和实现程序的，类具有抽象性、隐蔽性和封装性的特征。

类的隐蔽性体现在外界不能直接访问私有成员。

例如，银行将储户的账目、密码、姓名和存款余额定为私有成员，封装在类中，外界无法直接访问，这就保障了储户的利益。

在面向对象（账户）程序设计中具体的做法如下。

❑ 对象的属性：户名账号设置为公有数据成员，而利率和账目余额设置为私有数据成员。

❑ 对象的行为：查询、存款、取款或转账等。查询是通过查询余额函数来实现的，而存款、取款或转账等则是通过修改账目函数来实现的。当然，这两个函数应该设置为公有成员函数。主函数通过对象用一级密码调用查询余额函数，用于查询余额；用二级密码调用修改账目函数，用于修改账目。

这样做有什么必要呢？不妨设想，如果你有一张银行卡被人拾到，尽管他不知道取款密码，无法在自动取款机上通过取款密码查到你的卡（或者说你的账户）上还有多少余额，但在大多数银行在柜台上通过储蓄员不难问到，这是因为大多数银行都没有设置查询密码。然而在有些银行例如上海浦东发展银行就问不到，原因很简单，因为这家银行除设置了取款密码之外，同时又设置了查询密码。不知道查询密码，储蓄员也打不开你的账目，也无法查到你的存款余额。由于银行的访问储户账目程序的差异，储户账目的安全性有所不同。后者的安全性之高，显而易见。

封装性使对象的数据得到了保护，所以说封装性是面向对象程序设计的重要特征。类是一个封装体，在其中封装了该对象的属性和操作。通过限制对属性和操作的访问权限，可以将属性"隐藏"在类的内部，公有函数作为对外的接口，在对象之外只能通过这一接口对对象进行具体的操作。

面向对象的程序设计就是通过建立数据类型——类来支持封装和数据隐藏。封装性增加了对象的独立性，从而保证了数据的可靠性。一个定义完好的类可以作为独立模块使用。

对象的属性和行为总是紧密联系在一起的，属性用数据（即变量）来描述，行为则是数据的处理，要通过函数来实现。在面向过程程序设计中，数据和对数据的处理，是分离的，而在面向对象的程序设计中两者是合一的，都封装在类体中。

封装性就是指将数据（变量）和数据处理（函数）都封装在类体内。我们可以理解为是把变量和相关的函数集中在一个有孔的容器中，只有在孔的边缘处的数据与函数才能与外界相通（这便是指所有的公有的成员），而其余的私有性成员（指包括私有和保护成员）均不受外界的影响，这个容器就是类。

在程序设计与实现中，程序设计方法正在从面向过程走向面向对象，使得编程语言与自然语言之间以及程序设计方法与实际解决问题方式之间的距离越来越近。这就意味着软件开发人员可以用更接近自然的思维方式，用更少的精力去完成同样的工作。

概括起来说，面向对象程序设计有如下优点：

❑ 与人类习惯的思维方式一致。

❑ 可重用性好。

❑ 可维护性好。

正因为面向对象程序设计有众多的优点，所以今天程序设计方法逐步由面向程序设计发展为面向对象程序设计。

9.2.4　类的声明

类是 Swift 的核心，Swift 程序都是围绕类进行的。Swift 程序都要定义类的数据和方法及其实现代码。

另外还会调用类来完成一些用于实际操作的应用程序。

在实际项目中，Swift 程序定义类的数据和方法及其实现代码，调用类来完成一些实际操作的应用程序都存放在 .swift 文件中。

每个对象都具有状态（即数据）和行为（即对数据的操作）。

如何进行类的声明呢？类的声明的形式是：它等价于一个物理实体。例如，苹果的 iPod MP3 播放器有歌曲（数据）和播放功能（行为）。另一个品牌（如索尼）的 MP3 播放器也有类似的数据和播放功能。这两个品牌的数据存放和播放上可能有不同的实现方法，然而，它们的对外的接口却是相同的。作为用户，仅需要关心它是什么并且它能够做什么就行了。但是，作为播放器的生产者，他需要关心的是播放器由什么构成并且是怎样工作的。"它是什么并且它能够做什么"，这就是接口所描述的信息。接口的作用就在于略过那些具体的实施细节而从更高层次来处理问题。

在 Swift 中，定义一个类的语法格式如下所示：

```
class 类名：父类名
{
        数据成员（变量）定义
函数成员（方法）定义和实现
}
```

在 Swift 语言中类是直接声明的，冒号后面指定了父类（详见 9.3 节中的介绍）。

9.2.5　实例和实例变量

根据类生成的东西被称为实例（instance）。顾名思义，实例就是实际存在的东西，是将类实例化后生成的东西。

实例化就是由类生成实例的过程，对类进行实例化以后，就生成了类的实例。实例化之后都会拥有一些实例变量，可以说实例是容纳实例变量的容器。生成了实例，拥有了实例变量，接着就是要让实例具有操作的手段来实现类。

9.2.6　方法

在编程中，随着处理问题的复杂性的加大，代码量将飞速增加。其中，大量的代码往往会相互重复或者近似重复。如果不采取有效的方式予以解决，代码将很难维护。为了解决这个问题，提出了方法这一概念，使用方法可以将具有特定功能的代码进行封装，然后可以在很多地方调用。这样做既可以减少代码的编写工作量和编写时间，又可以使程序的结构鲜明、简洁，便于理解。

一个完整的方法由关键字 func、方法名、参数表以及方法的返回值类型组成（方法又称函数，一般来说，在类中使用称方法，在类外使用称函数，所以在这里用了函数 function 前面部分的字母作关键字）。

当定义方法或函数时，一般还需要指定是否有返回值。如果有，则要注明返回值的数据类型是什么。若不需要返回任何值，则把它们的返回值类型指定为 void，即空型。在 Swift 语言中，空型可以省略。

【实例 9-1】定义一个名为 printSwift 的方法（或称函数），用来输出一串字符 "Swift"。程序代码如下：

```
1    func printSwift()
2    {
3        print("Swift")
4    }
5    printSwift()
```

程序运行结果如下：

```
Swift
```

这是一个包括定义和调用在内的完整的程序，第 1 ～ 4 行是方法的定义，其中第 1 行是方法头，第 2 ～ 4 行是方法体。第 5 行则是方法调用。显然，这是一个无参数、无返回值的方法（注意，行号不是代码的组成部分，是为了说明程序而人为添加的；在这里只写出了需要人工编程部分，系统自动创建的部分省略）。

关于方法的详细内容，我们将在后面再做介绍。

9.3　类的继承

从字面上理解，继承就是将前辈已有的东西保持下去，并发扬光大。只有在原先的基础上进行适当的扩展，这才符合继承的本质。

在现实世界中，可以看到很多按层分类的情况。客观世界的事物总是具有共性和特性的，可以通过类的层次来体现事物的共性和特性。例如，建筑物类的层次结构如图 9-2 所示。

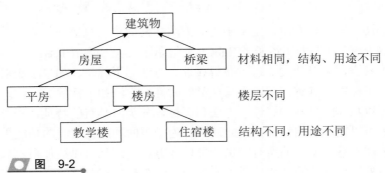

图　9-2

整个类形成了一个树状结构，在面向对象中，上一层称为父类，下一层称为子类。子类可以继承父类的所有功能，并可以对这些功能进行扩展。也就是说，子类与父类相比，只是增加或修改了部分属性和操作。继承的过程就是从一般到特殊的过程，通过使用继承一个对象就只需要定义它所属类的属性即可，因为它可以从父类那里继承所有的通用属性。

一般来说，实现继承的类被称为子类，被继承的类被称为父类，或称为超类。父类和子类的关系是一般和特殊的关系。例如，水果和苹果的关系，苹果继承了水果，水果是苹果的父类，苹果是水果的子类，苹果是一种特殊的水果。

正因为子类是一种特殊的父类，因此父类包含的范围总比子类包含的范围要大，所以可以说父类是大类，而子类则是小类。

Swift 引入继承概念的意义何在呢？

传统程序设计的一个很严重的缺陷是：随着时间的迁移和用户环境的变化，一旦原来的内容无法符合用户需求时，必须对程序中无法重复使用的部分做出修改，修改工作不仅麻烦，而且易出错，既不安全，又导致了资源的浪费。面向对象程序设计提供了一个可以将程序资源无限重复使用的渠道。用户不必更改原来的程序，只需利用面向对象中继承的观念和方法，将旧的程序扩充为当前所需要的状态。这样不仅节省了编写程序的时间和资源，而且还能不断地开发出所需要的新程序资源。因此继承在面向对象程序设计中是最为重要的一环，可以毫不夸张地说，任何程序如果失去了继承的性质，其使用的价值就少了一半，继承是面向对象编程技术的一个重要特性。这种技术使得复用以前的代码非常容易，大大提高了编程效率，缩短了软件开发周期，降低了软件开发成本。

总之，通过继承建立新类的优越性是：

❑ 通过重用已有代码，提高编程效率，降低软件开发成本。
❑ 更有效地保持共有特性的一致性。
❑ 提高了系统的可维护性。
❑ 实现多态性的基础。

Swift 的子类继承父类的语法格式如下：

```
修饰符 class SubClass:SuperClass
{
    //类的定义部分
}
```

从上面语法格式可以看出，定义子类的方法非常简单，只需在原来类的定义基础上增加 ":SuperClass"，即表明该子类 SubClass 继承了父类 SuperClass。

子类继承父类，可以从父类那里获得属性、方法、下标等。如果子类对继承获得的属性、方法和下标等不满意，可以重写父类的属性、方法和下标等。

子类也可以从新定义新的属性、方法和下标，父类所具有的特征，子类通常都会具有，而子类还可以增加新的特征，因此通常认为子类的功能比父类的功能更强。

总之，子类会继承父类的所有实例变量以及方法，而且可以追加自己独有的实例变量和方法，另外还可以改写（或称覆盖）父类已经存在的有关方法。

在后面内容中将会看到，继承能大幅度提高程序代码的重复利用率。

9.4 初始化

初始化（initialization）用于完成实例的构造过程，是设置类、结构以及枚举成员值为实例中的每个存储属性设置初始值和执行必要的准备任务的过程。

9.4.1 初始化

当创建一个类或对象时，将会调用构造器（initializer）用来初始化变量的值。Swift构造器是以 init 为关键字来表示的，构造器又称构造方法，此方法可带参数，也可不带参数，视情况而定。

【**实例 9-2**】构造器初始化示例。

程序代码如下：

```
//初始化
class Score
{
    var yourScore:Double
    init()
    {
        yourScore=60
    }
}

let scoreObj=Score()
print("Yours score is:\(scoreObj.yourScore)")
```

程序运行结果如下：

```
Yours score is:60.0
```

上述程序中，当创建 scoreObj 时，将自动调用 init() 函数将 yourScore 初始化设置为 60，当然，也可以不使用 init() 函数，而是使用默认属性值，直接在定义变量时就加入初值。实例如下：

```
class Score
{
    varyouScore=60
}
let scoreObj=Score()
print("Yours score is\(scorsObj.yourScore) ")
```

程序运行结果同上。

以上两种方式可根据个人的偏好而选定。

下面来看一下构造器带参数的情形。

【**实例 9-3**】带参数构造器示例之一。

程序代码如下：

```
//初始化本地和外部参数
class Kilometer
{
    var kilo:Double
    init(fromMile mile:Double)
    {
        kilo=mile*1.6
    }
}

var runner=Kilometer(fromMile:96)
print("You run\(runner.kilo) kilometer")
```

程序运行结果如下：

```
You run153.6 kilometer
```

程序中有外部参数名称是 fromMile，使用外部参数名称能提高可读性。但这不是必须做的，因为 Swift 将构造器的每个参数都默认为外部参数名称。此处为了更易于了解所处理的事项，有意加上额外的外部参数名称。注意，当建立对象并加以初始化时，若没有写上外部参数名称将会产生错误信息。例如，将"var runner=Kilometer(fromMile:96)"写成"var runner=Kilometer(96)"就会产生错误的信息。

Swift 提供了一个 self 关键字，self 关键字总是指向方法的调用者。在实例方法中，self 代表调用该方法的类型本身。根据 self 出现位置的不同，self 代表谁也略有区别：方法中的 self 代表该方法的调用者；构造器中的 self 代表构造器正在初始化的实例。self 关键字的主要作用是一个方法访问同一个类的另一个方法或属性。

再看下面的一个实例。

【**实例 9-4**】带参数构造器示例之二。

程序代码如下：

```
class Resolution
{
    var width=0,height=0
    init(width:Int,height:Int)
    {
        self.width=width
        self.height=height
    }
}
```

```
let monitor=Resolution(width:1024,height:768)
print ("My monitor resolutions:\(monitor.width)*\(monitor.height)")
```

程序运行结果如下：

```
My monitor resolutions:1024*768
```

其中，width 与 height 都被视为外部参数名称，所以建立 monitor 对象时要将外部参数名称标识出来，否则将会得到错误的信息。值得一提的是，在 init() 函数主体中 self 表示对象，由于 init () 函数内的参数与对象本身的属性变量使用了相同的名称，所以加上 self 是很重要的，因为只有这样才有办法区分它是属于对象本身的，还是属于参数的。

当属性是选项类型时，此时的默认值是 nil。这是一个很重要的概念，凡是要赋值 nil 给变量时，此变量的先决条件必须是选项的类型。

9.4.2 类的继承与初始化

继承是类所独有的，因此在初始化时动作较为复杂。

1. 指定构造器与便捷构造器的创建

指定构造器是类的主要构造器，每一个类至少有一个指定构造器，用来指定类中有关的属性值。

指定构造器用如下方式创建：

```
init(parameters)
{
    statements
}
```

便捷构造器是类中第二种或者称辅助型构造器，可以借助调用指定构造器来设置默认值。

便捷构造器用如下方式创建：

```
convenience init(parameters)
{
    statements
}
```

也就是在指定构造器的前面加上 convenience 关键字。

2. 指定构造器与便捷构造器的创建的调用

在一般的构造器中，Swift 以下列三种规则应用于构造器之间：

❑ 指定构造器必须直接调用其父类的指定构造器。
❑ 便捷构造器必须在同一类中调用另一构造器。

❑ 便捷构造器必须调用指定构造器来结束。

所以，简单地说，指定构造器是向上调用的，而便捷构造器是平行调用的。也就是说，在便捷构造器中会调用指定构造器，而在指定构造器中会调用父类的指定构造器。

【实例 9-5】 便捷构造器中调用指定构造器实例。

程序代码如下：

```
//指定构造器和便捷构造器
class Fruits
{
    var fruitName:String
    init(fruitName:String)
    {
        print("call designated initializer")
        self.fruitName=fruitName
    }
    convenience init() {
        print("call convenience initializer")
        self.init(fruitName:"Apple")
    }
}

let yoursFruits = Fruits()
print(yoursFruits.fruitName)

let myFruits = Fruits(fruitName:"Mango")
print(myFruits.fruitName)
```

程序运行结果如下：

```
call convenience initializer
call designated initializer
Apple
call designated initializer
Mango
```

当创建 myFruits 常量名时，let myFruits= Fruits(fruitName: "Mango") 会调用指定构造器，而创建 yoursFruits 时，let yoursFruits=Fruits() 将会调用便捷构造器。

9.5 析构

析构（deinitialization）是在类实例中释放之前所执行的动作，在实例销毁之前释放它所占有的物理资源。

在类实例释放前将会调用析构器（deinitializer）。析构器只用于类，一般用 deinit

告知这是析构器。析构器不加任何参数，所以没有小括号。其创建方式如下：

```
deinit
{
    statements
}
```

在父类和子类中，有关析构器的步骤是：子类先析构处理，父类再析构处理。

【实例 9-6】析构器处理步骤示例。

程序代码如下：

```
//析构器
class Fruits
{
    var fruitName:String
    init(fruitName:String)
    {
        self.fruitName=fruitName
    }
    func display()
    {
        print("I buy some\(fruitName)s")
    }
    deinit
    {
        print("Execute deinitializer")
    }
}

var oneObject2:Fruits?=Fruits(fruitName: "Kiwi")
oneObject2!.display()
oneObject2=nil
```

程序运行结果如下：

```
I buy someKiwis
Execute deinitializer
```

程序中定义 oneObject2 是 Fruits? 的类型，这样可以赋值 nil 给 oneObject2，否则无法运行。当程序执行到最后一行时，将执行析构器，然后才将此变量释放。

9.6 重写

子类可以为继承的实例方法、类方法、实例属性或由附属脚本自己提供的实现，我们把这种行为称为重写。重写某个特性时，需要在重写定义的前面加上 override 关键字。

任何缺少 override 关键字的重写都会在编译时提醒 Swift 编译器去检查该类的父类是否有匹配重写版本的声明。这个检查可以确保重写的定义是正确的。

可以通过使用 super 前缀来访问父类版本的方法、属性或附属脚本。

方法：super.someMethod()

属性：super.someProperty

附属脚本：super[someIndex]

9.6.1　重写方法

在子类中，可以重写继承的实例方法或类方法，提供一个定制或替代的实现方法。

```
class overrideClass:Base
{
override func getBaseName() -> String
    {
        return "New Base Class"
    }
}
```

上述程序定义了基类 Base 的一个名称为 overrideClass 的子类，它重写了从 Base 类继承来的 getBaseName() 方法。

【实例 9-7】定义一个 Circle 类，它继承自 Point 类。在 Circle 类中新定义了 radius 属性、getArea() 方法以及 printArea() 方法。

程序代码如下：

```
//重写方法
class Point
{
    var x:Int
    var y:Int

    func setData(a:Int,b:Int)
    {
        x=a
        y=b
    }
    func printData()
    {
        print("x=\(x),y=\(y)")
    }

    init()
    {
```

```
            x=0
            y=0
    }
}

class Circle:Point
{
    var radius:Double

    override init()
    {
        radius=10.0
        super.init()
    }

    override func printData()
    {
        super.printData()
        print("radius:\(radius)")
    }

    func getArea() ->Double
    {
        return radius*radius*3.14159
    }

    func printArea()
    {
        print("圆面积:\(getArea())")
    }
}

let circleObject=Circle()
circleObject.setData(a:20,b:20)
circleObject.printData()
circleObject.printArea()
```

程序运行结果如下:

```
x=20,y=20
radius:10.0
圆面积:314.159
```

从程序代码可知 init() 和 printData() 方法是继承 Point 类的,所以在 Circle 子类重写这些方法时,都加上了 override,即使是 init() 方法也不例外。在 Circle 类中,要调用父类 Point 的 init() 方法时,需要以 super.init() 表示,要调用父类 Point 的 printData() 方法时,需要以 super.printData() 来表示。

9.6.2 重写属性

可以提供定制的 getter（或 setter）来重写任意继承来的实例属性或类属性，无论继承来的属性是存储型的还是计算型的。子类并不知道继承来的属性是存储型的还是计算型的，它只知道继承来的属性会有一个名字和类型。所以重写一个属性时，必须将它的名字和类型都写出来，这样才能使编译器检查重写的属性是否与父类中同名同类型的属性相匹配。

可以将一个继承来的只读属性重写为一个读写属性，只要在重写的属中提供 getter（读）和 setter（写）即可。但是，不可以将一个继承来的读写属性重写为一个只读属性。

【实例 9-8】重写任意继承来的实例属性或类属性示例。

程序代码如下：

```
class NewBaseName:Base
{
    override var baseName:String        //重写父类 Base 的 baseName 属性
    {
        get                             //具有读方法
        {
            return super.baseName
        }
        set                             //具有写方法
        {
            super.baseName= "New Name"
        }
    }
}


//重写 getter() 和 setter() 属性
class Point
{
    var x:Int
    var y:Int
    func setData(a: Int,b:Int)
    {
        x=a
        y=b
    }
    func printData()
    {
        print("x=\(x),y=\(y)")
    }
```

```
    init()
    {
        x=0
        y=0
    }
}

class Circle:Point
{
    var radius:Double

    override init()
    {
        radius=10.0
        super.init()
    }
    override func printData()
    {
        super.printData()
        print("radius:\(radius)")
    }

    func getArea()->Double
    {
        return radius*radius*3.14159
    }

    func printArea()
    {
        print("圆面积:\(getArea())")
    }
}

class limitedCircle:Circle
{
    override var radius:Double
    {
        get
        {
            return super.radius
        }
        set
        {
            super.radius=min(newValue,100)
```

```
        }
    }
}

let limitedObject=limitedCircle()
limitedObject.setData(a:30,b:30)
limitedObject.printData()
limitedObject.radius=120
print("limitedCircle's radius:\(limitedObject.radius)")
limitedObject.printArea()
print()

limitedObject.setData(a:20,b:40)
limitedObject.printData()
limitedObject.radius=60
print("limitedCircle's radius:\(limitedObject.radius)")
limitedObject.printArea()
```

程序运行结果如下：

```
x=30,y=30
radius:10.0
limitedCircle's radius:100.0
圆面积:31415.9

x=20,y=40
radius:100.0
limitedCircle's radius:60.0
圆面积:11309.724
```

　　本例是利用重写访问属性来设置 limitedCircle 的半径。在 limitedCircle 中，重写父类 Circleradius，其半径不可以大于 100。

　　当程序执行到 limitedObject.radius=120 时，将会调用 set() 方法，将 120 传给 newValue，然后获取两者中较小的值，所以结果是 100。当调用 print("limitedCircle's radius:\(limitedObject.radius)") 时，将会调用 get() 方法，以返回 super.radius。由于被子类所继承的计算属性是未知的，它仅知道继承来的属性有某个名称和类型，所以必须要使用 super。

　　此时 Circle 类的 radius 已为 100，接下来将 radius 设置为 60，再次与 100 进行比较，并获取到较小值 60。

　　【实例 9-9】重写访问属性示例。

　　程序代码如下：

```
//重写访问属性
class Point
```

```
{
    var x:Int
    var y:Int

    func setData(a: Int,b:Int)
    {
        x=a
        y=b
    }

    func printData()
    {
        print("x=\(x),y=\(y)")
    }

    init()
    {
        x=0
        y=0
    }
}

class Circle:Point
{
    var radius:Double

    override init()
    {
        radius=10.0
        super.init()
    }

    override func printData()
    {
        super.printData()
        print("radius:\(radius)")
    }

    func getArea()->Double
    {
        return radius*radius*3.14159
    }

    func printArea()
    {
```

```swift
            print(" 圆面积 :\(getArea())")
        }
    }


    class Cylinder:Circle
    {
        var height=1.0

        override var radius:Double
        {
            didSet
            {
                height=(radius/10)
            }
        }

        func getVolume() -> Double
        {
            return radius*radius*3.14159*height
        }

        func printVolume()
        {
            print(" 圆柱体面积 :\(getVolume())")
        }

        override func printData()
        {
            super.printData()
            print("height:\(height)")
        }
    }


let clylinderObject=Cylinder()
print("clylinderObject.radius:\(clylinderObject.radius)")
clylinderObject.radius=20
print("clylinderObject.radius:\(clylinderObject.radius)")
clylinderObject.printData()
clylinderObject.printArea()
clylinderObject.printVolume()
```

程序运行结果如下：

```
clylinderObject.radius:10.0
clylinderObject.radius:20.0
```

```
x=0,y=0
radius:20.0
height:2.0
圆面积:1256.636
圆柱体面积:2513.272
```

9.7　Swift 的内存管理

Swift 提供了强大的内存管理机制：Swift 通过自动引用计数（Automatic Reference Counting，ARC）可以很好地管理对象的回收。大部分情况下，程序员无须关心 Swift 对象的回收，但在某些特殊情况下，Swift 要求程序员进行一些对内存管理的处理。

ARC 是一种非常优秀的内存管理技术，它的思路非常简单：当程序在内存中创建一个对象之后，ARC 将会自动完成两件事情。

第一件事情：ARC 自动统计该对象被多少个引用变量所引用，这个值就被称为引用计数。简言之，ARC 相当于为每个对象额外增加一个 Int 类型的属性，该属性总能正确地记录有多少个引用变量引用了该对象。

第二件事情：每当一个对象的引用计数变为 0 时，ARC 会自动回收该对象。

使用 ARC 之后，程序甚至不允许直接访问对象的引用计数，但依然可以通过示例来推测一个对象的引用计数的值。

总之，ARC 的原理就是类对象的指针被引用时计数增加，被释放时计数减少，若为 0 则自动释放。类对象的内存一旦被释放，该对象就不能再被使用，否则程序会崩溃或者会发生对象错误。引用计数仅仅作用于实例上。结构和枚举是值类型而非引用类型，所以不能被引用存储和传递。

Swift 使用 ARC 来管理应用程序的内存使用，这表明内存管理已经是 Swift 的重要部分。在大多数情况下，并不需要考虑内存的管理。当实例不再需要时，ARC 会自动释放这些实例所使用的内存。

9.7.1　自动引用计数的工作机制

每当创建一个类的实例时，ARC 会分配一个内存块来存储这个实例的信息，包括类型信息和实例的属性值信息。当实例不再被使用时，ARC 才会释放这些实例所占用的内存。为了保证需要实例时实例还是存在的，ARC 对每个类的实例都会追踪有多少属性、常量、变量指向这些实例。当有活动引用指向实例时，ARC 是不会释放这个实例的。为了能实现这一点，将实例赋值给属性、常量和变量时，指向实例的一个强引用将会被构造出来。之所以被称为强引用是因为它稳定地持有这个实例，当这个强引用存在时，实例就不能够被释放。有强就有弱，被 weak 修饰的变量对赋值的类对象有弱引用。

下面用一个例子来介绍 ARC 是怎样工作的。先定义一个简单的类 Exam，它包含一个存储常量属性 name，并有一个初始化方法来设置属性 name，还有一个析构方法。

【**实例 9-10**】ARC 工作示例。

程序代码如下：

```
class User{
    var name:String
    var bookName:String
    init(name:String,bookName:String)
    {
        self.name=name
        self.bookName=bookName
    }
    deinit
    {
        print("\(self.name) 用户反初始化完成,ARC 回收该对象 ")
    }
}

var user1:User?
var user2:User?
var user3:User?
user1=User(name:" 谢书良 ",bookName:"Swift 程序设计教程 ")
user2=user1
user3=user1
print("\(user1!.bookName) 的作者是 \(user1!.name)")
print("\(user2!.bookName) 的作者是 \(user2!.name)")
print("\(user3!.bookName) 的作者是 \(user3!.name)")
user3=nil
user2=nil
user1=nil
```

程序运行结果如下：

```
Swift 程序设计教程的作者是谢书良
Swift 程序设计教程的作者是谢书良
Swift 程序设计教程的作者是谢书良
谢书良用户反初始化完成,ARC 回收该对象
```

这里可以看到类 User 的构造器已经被调用。

因为新的 User 实例被赋值给变量 user1，因此这是一个强引用。由于有一个强引用的存在，因此 ARC 保证了 User 实例在内存中不被释放掉。如果将这个 User 实例赋值给更多的变量，就建立了相应数量的强引用。

```
user2= user1    //ARC+1
user3= user1    //ARC+1
```

现在有三个强引用指向这个 User 实例。如果将 nil 赋给其中两个变量，从而切断这

两个强引用，那么还有一个强引用是存在的，因此 User 实例并不被释放。

```
user1= nil          //ARC-1
user2= nil          //ARC-1
//释放两个后，还有一个 user3 对 User 对象有强引用，所以不会释放
```

直到第三个强引用被破坏之后，ARC 才释放这个 User 实例，之后就不能再使用这个实例了。

```
user3=nil           //ARC-1
//释放 user3 后，ARC 再减 1，此时变为 0，User 对象占有的内存被释放，归还操作系统
//输出：谢书良用户反初始化完成，ARC 回收该对象
```

9.7.2　类实例之间的循环强引用及解决方法

虽然 ARC 减少了很多内存管理工作，但是 ARC 并不是绝对安全的。如果两个类实例都有一个强引用指向对方，构成强引用循环，将会导致内存泄漏。

【实例 9-11】循环强引用解决方法示例。
程序代码如下：

```
class Teacher
{
    var tName:String
    var student:Student?              //添加学生对象，初始化时为 nil

    init(name:String)
    {
        tName=name
        print(" 教师 \(tName) 实例初始化完成 .")
    }
    func getName()->String
    {
        return tName
    }

    deinit
    {
        print(" 教师 \(tName) 实例反初始化完成 .")
    }
}

class Student
{
    var sName:String
```

```
    var teacher:Teacher?                    //添加教师对象，初始化时为 nil

    init(name:String)
    {
        sName=name
        print(" 学生 \(sName) 实例初始化完成 .")
    }

    func getName()->String
    {
        return sName
    }

    deinit
    {
        print(" 学生 \(sName) 实例反初始化完成 .")
    }
}

var teacher:Teacher?
var student:Student?

teacher=Teacher(name: " 刘老师 ")        //创建实例老师，并初始化，name 引用计数是 1
student=Student(name: " 李明同学 ")       //创建实例学生，并初始化，name 引用计数是 1

print(" 类实例之间的循环强引用 -- 内存泄漏测试结束 ")
```

程序运行结果如下：

```
教师  刘老师  实例初始化完成 .
学生  李明同学  实例初始化完成 .
类实例之间的循环强引用 -- 内存泄漏测试结束
```

上面定义了一个 Teacher 类和一个 Student 类，两个类之间相互包含对方的类型属性，这是一个很明显的类实例之间的循环强引用。下面分别初始化这两个类，得到实例之后，再设置 nil。

```
var teacher:Teacher?
var student:Student?
teacher=Teacher(name: " 刘老师 ")        //创建实例老师，并初始化，name 引用计数是 1
student=Student(name: " 李明同学 ")       //创建实例学生，并初始化，name 引用计数是 1

teacher!.student=student                 //教师实例中的学生对象引用计数 +1
student!.teacher=teacher                 //学生实例中的教师对象引用计数 +1

print(" 类实例之间的循环强引用 -- 内存泄漏测试结束 ")
```

若运行程序，则在控制台输出的信息将是：

教师 刘老师 实例初始化完成 .
学生 李明同学 实例初始化完成 .
类实例之间的循环强引用 -- 内存泄漏测试结束

从中可以看出，两者都执行了初始化函数，虽然写了 teacher=nil、student=nil，但是自始至终都没有调用 deinit。因此内存会泄漏，此时已经不能采用任何措施来释放这两个对象了，只有等 App 的生命周期结束。

Swift 提供了两种方法解决实例属性间的强引用循环：弱引用和无主引用。弱引用和无主引用使得一个引用循环中的实例并不需要强引用就可以指向循环中的其他实例，互相引用的实例就不会形成一个强引用循环。当引用可能变为 nil 时使用弱引用。相反，当引用在初始化期间被设置后不再为 nil 时使用无主引用。

1. 弱引用

弱引用不保持对所指对象的持有，因此不阻止 ARC 对引用实例的回收。这个特性保证了引用不成为强引用循环。声明引用为弱引用只需要在属性或变量前面加上关键字 weak。弱引用不能被声明为常量，必须声明为变量，指明它们的值在运行期间可以改变。

实际上只需要将上例 Teacher 类中的 var teacher:Teacher? 修改成 weak var teacher:Teacher? 或者将 Student 类中的 var student:Student? 修改成 weak var student:Student? 即可解决类实例属性间的强引用循环。运行程序，当两个变量分别被设置为 nil 时，将会调用各自的反初始化函数，输出提示信息。

【实例 9-12】弱引用作用示例。
程序代码如下：

```
class Teacher
{
    var tName:String
    var student:Student?                //添加学生对象，初始化时为 nil

    init(name:String)
    {
        tName=name
        print(" 教师 \(tName) 实例初始化完成 .")
    }

    func getName()->String
    {
        return tName
    }

    deinit
    {
```

```
        print(" 教师 \(tName) 实例反初始化完成 .")
    }
}

class Student
{
    var sName:String
    var teacher:Teacher?                    //添加教师对象，初始化时为 nil

    init(name:String)
    {
        sName=name
        print(" 学生 \(sName) 实例初始化完成 .")
    }

    func getName()->String
    {
        return sName
    }

    deinit
    {
        print(" 学生 \(sName) 实例反初始化完成 .")
    }
}

weak var teacher:Teacher?
weak var student:Student?
teacher=Teacher(name: " 刘老师 ")          //创建实例老师，并初始化，name 引用计数是 1
student=Student(name: " 李明同学 ")         //创建实例学生，并初始化，name 引用计数是 1
teacher=nil
student=nil

print(" 类实例之间的循环强引用 -- 内存泄漏测试结束 ")
```

程序运行结果如下：

```
教师 刘老师 实例初始化完成 .
学生 李明同学 实例初始化完成 .
类实例之间的循环强引用 -- 内存泄漏测试结束
教师 刘老师 实例反初始化完成 .
学生 李明同学 实例反初始化完成 .
```

总之，当 A 类中包含 B 类弱引用的实例且 B 类中存在 A 类的强引用实例时，A 释放，不会影响 B 的释放，但 A 的内存回收要等 B 的实例释放后才可以。

当 A 类中包含 B 类的强引用实例时，A 释放，不会影响 B 的释放。

2. 无主引用

同弱引用一样，无主引用也并不持有实例的强引用。和弱引用不同的是，无主引用通常都有一个值。因此，无主引用并不定义成可选类型。在属性或变量声明时，在前面加上关键字 unowned 即可指明为无主引用。无主引用非可选类型，使用无主引用时，通常可以直接访问。但是当无主引用所指实例被释放时，ARC 并不能将引用值设置为 nil，这是因为非可选类型不能设置为 nil。

重新修改 Student 类，Teacher 类型定义为无主引用。

【实例 9-13】无主引用作用示例。

程序代码如下：

```
class Student
{
    var name:String
    var coach:Coach?

    init(name:String)
    {
        self.name=name
        print("\(self.name) 实例初始化完成 .")
    }

    deinit
    {
        print("\(self.name) 实例反初始化完成 .")
    }
}

class Coach
{
    var name:String
    var skill:String
    unowned let student:Student          //无宿主引用，不可设置为 nil

    init(name:String,skill:String,student:Student)
    {
        self.name=name
        self.skill=skill
        self.student=student             // 因为无宿主引用不能设置为可选类型，所
                                         // 以必须要初始化
        print("\(self.name) 实例初始化完成 .")
        print("\(self.name)\(self.skill)")
    }
```

```
        deinit
        {
            print("\(self.name) 实例反初始化完成 .")
        }
    }

    // 测试无宿主引用
    var stu:Student?=Student(name:" 李明 ")
    var coach:Coach?=Coach(name:" 教师 ",skill:" 任教程序设计课程 ",student:stu!)
    stu?.coach=coach
    stu=nil
    coach=nil

    print(" 类实例之间的循环强引用 -- 内存泄漏测试结束 ")
```

程序运行结果如下：

```
李明实例初始化完成 .
教师实例初始化完成 .
教师任教程序设计课程
李明实例反初始化完成 .
教师实例反初始化完成 .
类实例之间的循环强引用 -- 内存泄漏测试结束
```

　　由程序运行可以看到，两个实例都被反初始化，不存在内存泄漏。使用无宿主引用时，需要特别小心，以防一个对象在释放时一起释放了强引用对象。所以，要想在释放时不影响到原实例，可以使用弱引用，这样就算是 nil，也不会被影响。

9.7.3　闭包引起的循环强引用及解决方法

　　将一个闭包赋值给类实例的某个属性，并且这个闭包体中又使用了实例，也会发生强引用循环。这个闭包体中可能访问了实例的某个属性，例如 self.someProperty，或者闭包中调用了实例的某个方法，例如 self.someMethod。这两种情况都导致了闭包"捕获"self，因为闭包也是引用类型，从而产生了强引用循环。这个强引用循环的存在是因为闭包和类一样都是引用类型。当将闭包赋值给属性时，就给这个闭包赋值了一个引用。这在本质上和前面的问题相同——两个强引用都互相指向对方。与两个实例不同的是，这里是一个类与一个闭包。Swift 为这个问题提供了一个完美无缺的解决方法——闭包捕获列表。

　　下面的例子展示了使用闭包引起 self 时产生的强引用循环，定义了一个名为 JsonElement 的类。

　　【实例 9-14】闭包捕获列表作用示例。
　　程序代码如下：

```
class Student{
    var name:String
    var age:Int
    lazy var stuInfo:()->String=
    {
        [unowned self]in
        "\(self.name),\(self.age)"
    }.

    init(name:String,age:Int)
    {
        self.name=name
        self.age=age
        print("\(self.name) 对象初始化完成 ")
    }

    deinit


    {
        print(" 学生名为 :\(self.name)，年龄为 :\(self.age)")
        print("\(self.name) 对象反初始化完成，实例对象即将被释放 ")
    }
}

var stu:Student?=Student(name:" 李明 ",age:20)
var info:(()->String)?=stu!.stuInfo
stu=nil
info=nil
```

程序运行结果如下：

李明对象初始化完成
学生名为 : 李明 , 年龄为 :20
李明对象反初始化完成，实例对象即将被释放

这个 Student 类定义了一个表示元素名称的属性 name 和一个可选属性 age，另外还定义了一个 lazy 属性 stuInfo。这个属性引用了一个闭包，这个闭包结合 name 与 age 形成一个 Student 代码字符串。这个属性的类型是 () —> String，它表示一个函数不需要任何参数，返回一个字符串值。

Student 类提供了单一的构造器，传递一个 name 和一个 age 参数，定义了一个析构器，输出 Student 实例的析构信息。

通过为闭包的一部分定义捕获列表可以解决闭包和类实例之间的强引用循环，捕获列表定义了在闭包内何时捕获一个或者多个引用类型的规则。像解决两个类实例之间的强引用循环一样，声明每个捕获引用为弱引用或者无主引用。捕获列表中的每一个元素

由一对 weak/unowned 关键字和类实例（self 或 somelnstance）的引用组成，这些内容由方括号括起来并由空格分隔。

将捕获列表放在闭包参数列表和返回类型的前面。

```
lazy var oneClosure:(Int,String) —>String={
    [unowned self] (index:Int,stringT:String) —> String in

    return " "
}
```

如果闭包没有包含参数列表和返回值，但是可以从上下文推断出来，就可以将捕获列表放在闭包的前面，后面跟上关键字 in。

```
lazy var tempClosure:()—> String=
{
    [unowned self] in
    // 其他执行代码

        return " "
}
```

当闭包和实例之间总是引用对方并且同时释放时，定义闭包捕获列表为无主引用。当捕获引用可能为 nil 时，定义捕获列表为弱引用。弱引用通常是可选类型，并且在实例释放后被设置为 nil。

在实例 BaseClass 类中，可以使用无主引用来解决强引用循环。

【实例 9-15】使用无主引用来解决强引用循环示例。

程序代码如下：

```
class BaseClass
{
    func base()
    {
        print(" 父类的普通方法 ")
    }
    func text()
    {
        print(" 父类的被覆盖的方法 ")
    }
}

class SubClass:BaseClass
{
    override func text()
    {
        print(" 子类的覆盖父类的方法 ")
```

```
    }
    func sub()
    {
        print(" 子类的普通方法 ")
    }
}

let bc:BaseClass=BaseClass()
bc.base()
bc.text()

let sc:SubClass=SubClass()
sc.base()
sc.text()

let ploymophicBc:BaseClass=SubClass()
ploymophicBc.base()
ploymophicBc.text()
```

程序运行结果如下：

父类的普通方法
父类的被覆盖的方法
父类的普通方法
子类的覆盖父类的方法
父类的普通方法
子类的覆盖父类的方法

9.8 多态

多态是指同一操作作用于不同的实例，会产生不同的执行结果的现象。多态性是考虑在不同层次的类中以及在同一个类中同名的成员的关系问题。多态性允许不同类型的对象对相同成员的调用有不同的反映。利用多态性技术，可以调用同一名字的方法，实现完全不同的功能。若程序设计语言不支持多态，不能称为面向对象的语言。多态性是面向对象程序设计的关键技术之一，是面向对象程序设计最有力的标志性特征。

在 Swift 中引用变量有两种类型：一种是编译时的类型；另一种是运行时的类型。编译时的类型由声明该变量时使用的类型决定，编译器只认每个变量编译时的类型；运行时的类型由实际赋给该变量的实例决定。如果编译时的类型和运行时的类型不一致，就可能出现多态。

【实例 9-16】多态性示例。
程序代码如下：

```swift
class BaseClass
{
    func base()
    {
        print("父类的普通方法")
    }
    func test()
    {
        print("父类的被覆盖的方法")
    }
}
class SubClass:BaseClass
{
    override func test()
    {
        print("子类的覆盖父类的方法")
    }
    func sub() {
        print("子类的普通方法")
    }
}
//下面编译时类型和运行时类型完全一样，不存在多态
let bc:BaseClass=BaseClass()
//下面两次调用将执行 BaseClass 的方法
bc.base()
bc.test()
//下面编译时类型和运行时类型完全一样，不存在多态
let sc:SubClass=SubClass()
//下面调用将执行从父类继承到的 base() 方法
sc.base()
//下面调用将执行当前类的 test() 方法
sc.test()
//下面编译时类型和运行时类型不一样，发生多态
let ploymophicBc:BaseClass=SubClass()
//下面调用将执行从父类继承到的 base() 方法
ploymophicBc.base()
//下面调用将执行当前类的 test() 方法
ploymophicBc.test()
//下面调用若执行则编译时出错
//ploymophicBc.sub()
```

上面程序中显式创建了三个引用变量，对于前两个引用变量 bc 和 sc，它们的编译时类型和运行时类型完全相同，因此调用它们的方法完全没有任何问题。但第三个引用变量 ploymophicBc 则比较特殊，它的编译时的类型是 BaseClass，而运行时的类型是 SubClass，当调用该引用变量的 test() 方法时，由于 BaseClass 类定义了该方法，子类

SubClass 用 override 关键字覆盖了父类的该方法，所以执行的是 SubClass 类中覆盖后的 test() 方法，这就可能出现多态。

　　因为子类其实是一个特殊的父类，所以 Swift 允许把一个子类实例直接赋给一个父类引用变量，不需要任何类型转换，这被称为向上转型。向上转型都是由系统自动完成的。

　　当把一个子类实例直接赋给一个父类引用变量时，例如例 9-16 中的 let ploymophic Bc:BaseClass=SubClass()，这个 ploymophicBc 引用变量编译时的类型是 BaseClass，而运行时的类型是 SubClass，当运行欲调用该方法时，其方法行为总是表现出子类方法的行为特征，而不是父类的行为特征。这就可能出现相同类型的变量在调用同一个方法时，呈现出多种不同的行为特征，这就是多态。

　　上面程序中注释了 ploymophicBc.sub()，这行代码将会在编译时引发错误。虽然 ploymophicBc 引用变量实际上确实包含 sub() 方法，但因为它的编译时的类型是 BaseClass，而编译器并不知道 ploymophicBc 具有 sub() 方法，所以编译器将报如下错误：

```
'BaseClass'does not have a member named 'sub'
```

　　即 BaseClass 中不拥有一个成员名称 sub。

　　引用变量在编译阶段只能调用其编译时的类型所具有的方法，运行阶段只能执行其运行时的类型所具有的方法。总而言之，引用变量只能调用声明该变量时所用类中包含的方法。

　　程序运行结果如下：

```
父类的普通方法
父类的被覆盖的方法
父类的普通方法
子类的覆盖父类的方法
父类的普通方法
子类的覆盖父类的方法
```

　　另外在此说明一下，在 Swift 5 中，注释语句是用灰色表示的。

第二篇
Swift 语言应用

    Swift 语言的重要应用是编写 iPhone 的应用程序，为了帮助读者对编写 iPhone 的应用程序快速入门，本篇从零起点的角度，以范例为线索介绍 iPhone 应用程序的编写方法和技巧，期望能通过形象化、具体化的途径，让读者较轻松地快速步入编写 iPhone 应用程序的殿堂。

第 10 章

初试 iPhone 应用程序的开发

10.1　字体的设置

本节通过一个简单的例子介绍怎样进行 iPhone 应用程序的设计。

制作好的正确无误的应用项目都会在一个"模拟器"上面模拟显示出来。

模拟器中的 iPhone 应用程序项目 HelloBeijing 如图 10-1 所示，它是如何开发出来的呢？

这个项目很简单，只显示文字。文字有何特征？文字的主要特征有字体、字型、字号、颜色等，在这里介绍一点有关字体设置的知识。

字体是一组复杂的图形图像，大小和设计都是统一的，用于表示字符数据。字体通常用磅值、名称和风格来标识。

磅值在这里不是质量单位而是长度单位，1 磅 = 1/72 英寸，1 英寸 = 25.4 mm，所以 1 磅 = 0.353 mm，9 号字即 9 磅字，其尺寸为 3.175mm；教材里常用的五号字为 10.5 磅，其尺寸约为 3.70mm。

字体的颜色表示比较复杂，但可以通过可视化手段直接进行选择。

您好，北京!

图　10-1

10.2　初试 HelloBeijing 项目设计

10.2.1　iPhone 应用程序开发工具的下载和安装

创建一个 iPhone 应用程序需要哪些条件呢？

要进行 iPhone 应用程序的开发，需要安装、配置一些开发工具和组件，有了这些工具和组件，就可以非常方便地完成应用开发环境的搭建。

iOS SDK 中提供了一整套开发工具来帮助进行 iPhone 等应用程序的开发。这些工具中最重要的是 Xcode 集成开发环境（Integrated Development Environment，IDE），通过它对项目进行管理、编辑和调试。

下面先介绍一下 Xcode 的下载和安装。

1. Xcode 的下载

Xcode 的下载是免费的，可以在苹果官方网站或 App Store 中下载。Xcode 有很多版本，随着 Mac OS 版本的提高，供免费下载的 Xcode 版本也跟着提高。现在 Mac OS 的版本已提高至 Mac OS 11，相对应的操作系统是 iOS 12，Xcode 的版本也提高至 11.3（对应的是 Swift 5）。

2. Xcode 的安装

不同版本的 Xcode 安装的方法有所不同，这里只介绍 Xcode 11.3 的安装方法。

双击下载后的 Xcode 11.3.mg 的图标，会出现如图 10-2 所示的界面。

图　10-2

用鼠标指针按住图 10-2 中所示的 Xcode 图标并拖曳至 Applications 图标上释放，即可自动将其安装到系统盘上，安装过程如图 10-3 所示，安装完毕后可以在如图 10-4 所示的"应用程序"界面中找到它。

图　10-3

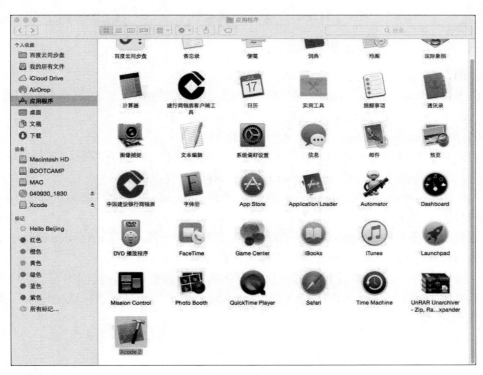

图　10-4

10.2.2　构建开发环境

双击 Xcode 图标可以将其打开，建议将它直接拖曳到系统桌面上，方便以后使用，如图 10-5 和图 10-6 所示。

图　10-5

图 10-7 所示的是 iOS 的版本号为 10.14.6 的 Xcode 11.3（对应的是 Swift 5）欢迎界面。

图　10-6　　　　图　10-7

界面左侧的三项及其含义分别如下。

Get started with a playground：创建一个可立即观看程序结果的 playground 项目。

Create a new Xcode project：创建一个新的 Xcode 项目。

Clone an existing project：克隆一个已存在项目。

右侧显示的是最近打开的项目，用鼠标双击项目名称即可打开项目。或者先单击将其选中，再单击最下方的 Open another project（打开已存在的项目）。

当选择 Crate a new Xcode project 创建一个新的 Xcode 项目时，会出现如图 10-8 所示的项目模板选择对话框。

这里的任务是编写 iPhone 的应用程序，首先选择 iOS 项下的 Application。iOS 是 iPhone 的操作系统，Application 是应用程序，简称 APP。

在 iPhone 中，用户能看到或者可以触摸到的东西都是视图，我们编写的应用程序都是以视图形式出现的，所以接着选择 Single View App（基于视图应用程序），再单击 Next 按钮进入下一步。

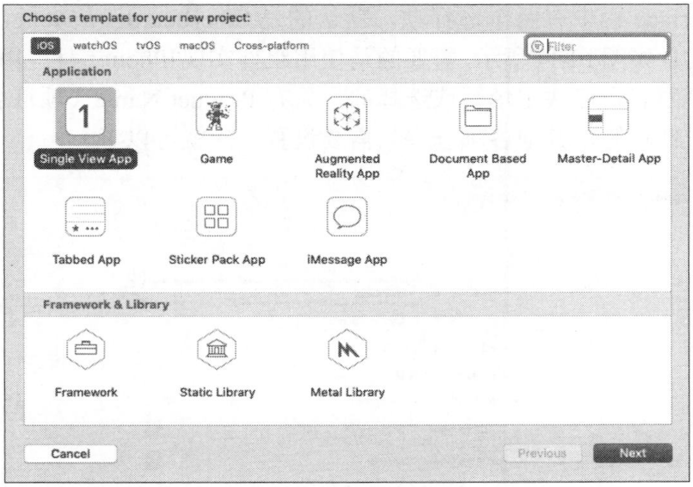

图 10-8

在弹出的如图 10-9 所示的 Choose options for your new project 对话框中，在 Product Name（项目名）栏中填写项目名为 HelloBeijing；在 Organization Name（机构名）栏中填写项目作者或机构的名字；在 Organization Identifier（机构标识符）栏中填写相应的保存项目地址的标识符号；在 Language（语言）栏中选择项目开发语言，单击右边的下拉按钮，会出现如图 10-10 所示的两个选项。在 Xcode 11.3 中，默认选项是 Swift。

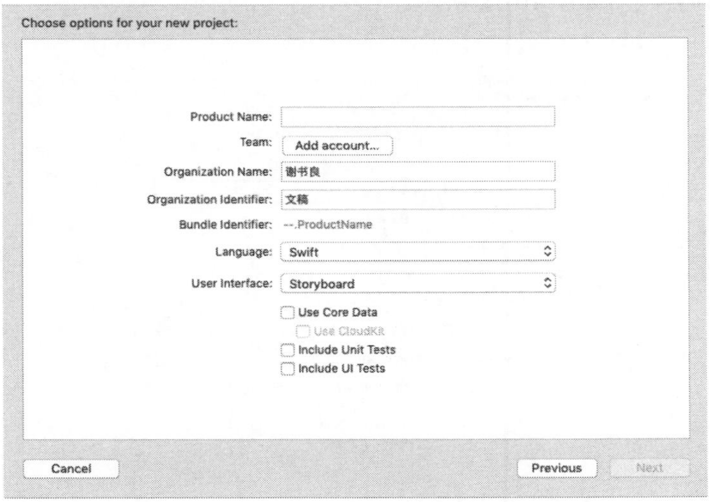

图 10-9

图 10-10

在 Use Interface 栏中有两个选择项，默认的是 Storyboard（故事板，即模拟器），另一项是 SwiftUI，如图 10-11 所示，需要的是使用组件实现 iPhone 编程，用默认选项即可。这些信息是由开发者自己决定填写或选择的，只有 Product Name（项目名）在下一次创建项目时需要重新填写，其他各项一般只需要设置一次就可以了。

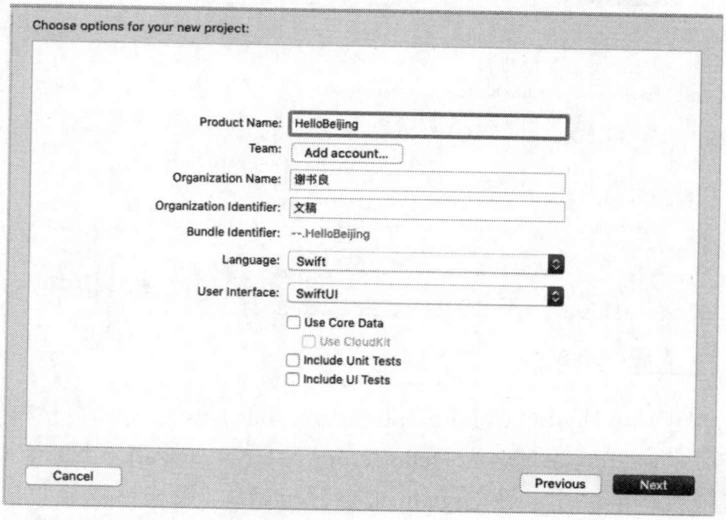

图 10-11

填写和选择各项后如图 10-12 所示。

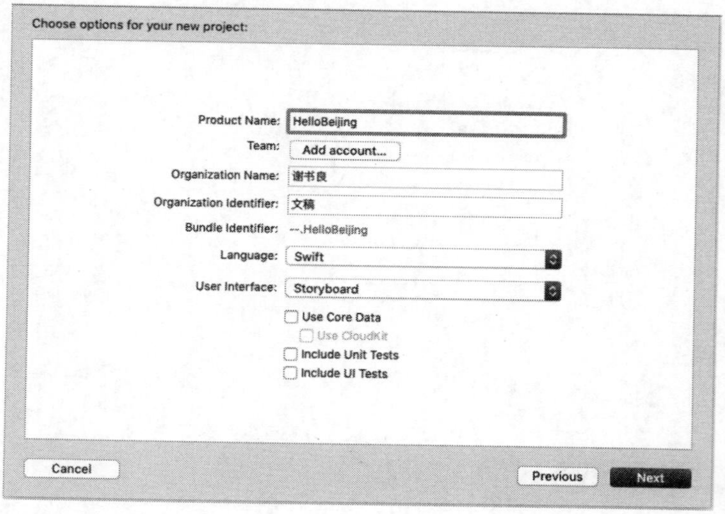

图 10-12

单击 Next 按钮，紧接着出现如图 10-13 所示的项目保存位置对话框。

单击 Create（创建）按钮，HelloBeijing 项目就创建好了。项目的相关信息如图 10-14 所示。

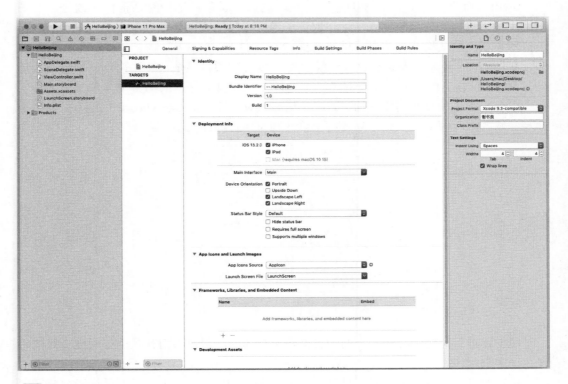

图 10-13

图 10-14

界面左边栏是项目的文件浏览区，右上边栏是属性设置区，下方是调试信息区（此处暂未显示），可分别单击图 10-14 右上角的边栏选择框进行选择（见图 10-15）。

图 10-15

图 10-15 中显示左、右边栏都是打开的，若不需要可以单击相应按钮将其关闭。

在制作用户界面时，属性设置栏是打开的，如图 10-16 所示。若需要关闭，可单击图中左起第 5 个属性栏控制按钮，当然，要再次打开也是单击它。

Xcode 11.3（对应 Swift 5）组件箱是隐藏的，可单击图 10-15 左边所示的 + 按钮将其打开。

位于左上方见图 10-17 的是 Xcode 11.3 的状态栏，从左侧开始第一个是"播放"按钮，用于项目的同时调试和运行，单击它会构建并在模拟器上运行项目代码；第二个是"停止"按钮，单击它会终止项目在模拟器上的运行；右边的是模拟器的格式选项，默认的是目前苹果手机的新款 iPhone 11 Pro Max。

图 10-16   图 10-17

Swift 5 有许多与其他版本的不同特点，例如，新项目选择对话框做了改进，取消了组件（又称控件）箱的显式显示，取消了虚拟键盘的主动显示（是主动不是自动），模拟器显示的默认格式是苹果手机的新款 iPhone 11 Pro Max 等。

在图 10-18 所示的左边栏文件浏览区中可以看到项目的全部文件，创建项目时系统已在 HelloBeijing 项目下自动建立了 2 个文件夹，在自动打开的第 1 个与项目同名的文件夹中有与制作项目密切相关的 ViewController.swift 和 Main.storyboard 文件，前者用于编写和修改源程序文件代码，后者用于设计制作用户界面。

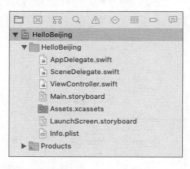

图 10-18

在创建项目时已选择要设计的项目是基于视图的，用户界面就是主要的设计对象，现在动手来制作。

单击 Main.storyboard 文件，就可以打开如图 10-19 所示的用户界面设计器窗口（俗称画布）。

此处要做以下两点说明：

❑ 在上方的 iPhone 机型选择表中，若不使用默认项就可以选择它。在 Xcode 11.3 中已默认选好，这一选择将会对工程项目运行后的模拟显示有影响。

❑ 中间的模拟设计器是针对 iPhone 11 Pro Max 的，若选择其他的，则会做相应变化。

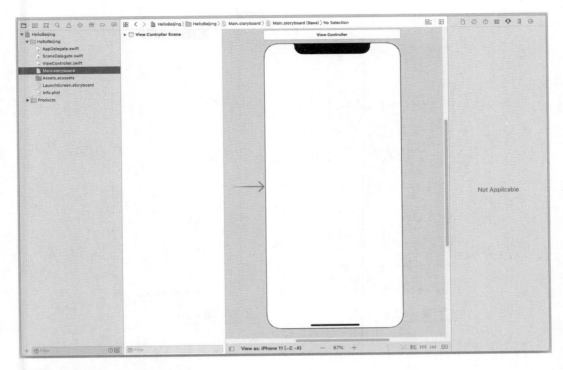

图 10-19

10.2.3 HelloBeijing 项目的创建

全部准备工作做好之后，就可以正式开始设计了。

用户界面设计器就像一个舞台，组件就像一个个演员，项目制作者就像导演，让我们正式开始制作 HelloBeijing 用户界面吧。

HelloBeijing 项目很简单，只需要一个 Label（标签）组件。单击右上角的"+"按钮，在接着打开的如图 10-20 所示的组件箱下方就可以找到它。

按住左键将其拖曳到界面设计器上，如图 10-21 所示。

可以用鼠标将其拖曳到适当位置并调整它的大小，在拖曳过程中注意观察，当屏幕出现一条蓝色虚竖线时，表示已将标签组件拖曳到居中位置，将鼠标释放。单击标签组件，打开如图 10-22 所示的标签组件属性栏，进行文本内容、字体大小和颜色的调整工作。

先用鼠标单击属性栏上方的 Text，显示 Plain 栏右边的选择按钮，打开如图 10-23 所示的选择栏。

选择 Attributed（属性）选项，标签组件属性栏如图 10-24 所示。

图 10-20

图 10-21

图 10-22

图 10-23

图 10-24

单击 Text 项下第 2 排左起第 2 个按钮，将文本调整至模拟设计器的居中位置；将文本内容 Label 修改成"您好，北京！"（此处用英文输入状态下的感叹号，以便于将文本内容固定在界面居中位置）。单击 Text 项下的 T 按钮，打开选择文本字体、字形、字号窗口，如图 10-25 所示。分别对文本的字体、字形、字号进行调整。在这里要在属性栏中先通过拖曳选中文本，字体选用"苹方 - 简"，字型选用"常规体"，如图 10-26所示。

在图 10-26 中选择 48 号字（也可拖曳滑块选择未标记的适当字号，或利用空心箭头右边的上、下箭头按钮进行字号大小的增、减微调），在图 10-27 中立即呈现出"所见即所得"的调整结果。

图 10-25

图 10-26

图 10-27

下面调整文本的颜色。单击 Text 项下第 2 排左起第 6 个黑色小方块按钮，立即出现如图 10-28 所示的文本色彩选择窗口，开始是一个全黑的圆。

将圆下方的选择箭头拖曳到最左方，黑圆立即变成彩色的，如图 10-29 所示。在最右边单击，选择箭头会自动移到最左边（见图 11-30），此时属性栏中的文本同步变成红色（见图 10-30），设计器中文本也会同步变成红色（见图 10-31），注意，由于本书是黑白印刷，具体变化请以设计过程中显示的颜色为准。最终运行结果如图 10-32 所示。

图 10-28

图 10-29

图 10-30

图 10-31

图 10-32

至此，HelloBeijing 用户界面全部设计完成。

界面中的组件都是以拖曳的方式创建的，如果程序代码要使用界面中的组件，先要将组件与程序代码文件连接，完成标签组件的界面元素与属性变量的关联。由于 Xcode 在创建组件时并没有为组件命名，所以在创建连接时必须为组件命名，这样在程序中就可以使用这些已连接的组件。具体操作步骤如下。

在 Xcode 集成环境窗口中单击右上角控制栏上方右边的按钮启动辅助设计模式，放大的控制栏如图 10-33 所示。

图 10-33

此时代码窗口也显示出来，但却与模拟设计器重迭在一起。

关闭左、右边栏，腾出地方以便于将控件模拟设计器和 ViewController.swift 源文件同时显示。

调整两个窗口的位置，如图 10-34 所示。

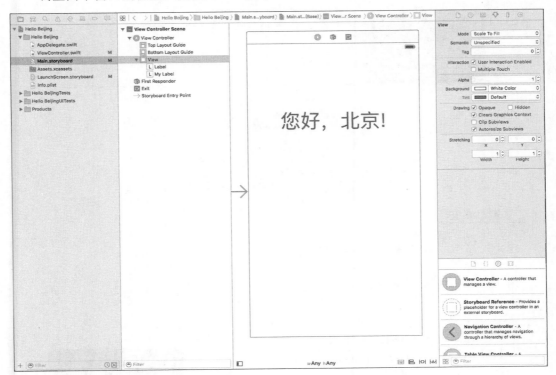

图 10-34

右击标签组件，出现如图 10-35 所示的快捷菜单。

用鼠标左键选中快捷菜单中 Referencing Outlets 下的 New Referencing Outlet 右方箭头所指的圆点，将其拖曳至程序代码的适当位置。在这里拖曳至 ViewController.swift 源文件中 viewDidLoad() 方法的上方释放，会出现如图 10-36 所示的界面。

图 10-35

在左上方窗口的 Name 栏中输入标签组件的名称为 MyLabel，单击 Connect 按钮，此时在 ViewController.swift 源文件中自动添加了"@IBOutlet weak var myLabel:UILabel!"，这样就创建了标签组件与程序代码之间的连接，实现标签组件与属性变量的关联（注意，该语句左侧可以看到连接标志），如图 10-37 所示。

再右击标签组件，快捷菜单 MyLabel 中第 4 行显示 myLabel View C，表示标签组件与程序代码连接成功，如图 10-38 所示。此时要按 Command+S 组合键及时保存项目设计结果。

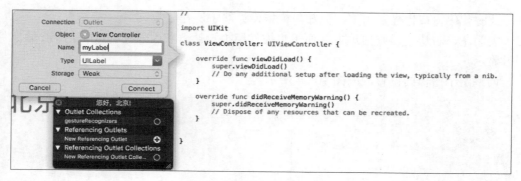

图 10-36

```
1  //
2  //  ViewController.swift
3  //  HelloBeijing
4  //
5  //  Created by mac on 2020/1/27.
6  //  Copyright © 2020 谢书良. All rights reserved.
7  //
8
9  import UIKit
10
11 class ViewController: UIViewController {
12
13     @IBOutlet weak var myLabel: UILabel!
14     override func viewDidLoad() {
15         super.viewDidLoad()
16         // Do any additional setup after loading the view.
17     }
18
19
20 }
21
```

图 10-37

图 10-38

到这里整个项目全部设计完毕。用下面三种方法之一运行项目，欣赏自己的设计成果吧。

方法一：单击项目总菜单 Product 下的 Run 选项，如图 10-39 所示。

方法二：按 Command+R 组合键。

方法三：单击图 10-27 窗口上面左边第 4 个用向右指的黑色箭头标识的"运行"按钮。

在模拟器上的项目运行结果如图 10-40 所示。

图 10-40 是模拟器默认的仿真显示形式，可以在模拟器工作时选择菜单栏中的 Window，打开后取消 Show Device Bezels 复选框的勾选状态，去掉模拟器的左右仿真按键的曲边显示形式，将 iPhone 屏幕显示设置得更大一些，其效果如图 10-41 所示。

图 10-39　　　　　图 10-40　　　　　图 10-41

项目运行完毕之后，可以用下面三种方法之一关闭模拟器。

方法一：单击窗口总菜单 Simulator 下的 Quit Simulator 选项，如图 10-42 所示。

方法二：按 Command+Q 组合键。

方法三：右击桌面状态栏中的如图 10-43 所示的"模拟器"图标，在弹出的快捷菜单中选择"退出"命令。

图 10-42

图 10-43

以上介绍了 HelloBeijing 项目在 Xcode 11.3 中的设计全过程，此例虽然简单，但却具有一定的代表性。可以总结出其设计步骤如下．

步骤 1：创建项目，如图 10-3 ～图 10-18 所示。

步骤 2：设计项目界面，如图 10-19 ～图 10-32 所示。

步骤 3：编写程序（一般需要人工编写或修改程序，本例基本上是系统自动进行的）。

步骤 4：实现界面组件元素与程序代码的连接，如图 10-33 ～图 10-38 所示。

步骤 5：运行应用程序，如图 10-39 ～图 10-43 所示。

不同的项目其步骤 1 和步骤 5 是相似的，仅步骤 2 ～步骤 4 有所区别。

第 11 章

按钮组件触发应用

11.1 插座与动作

Cocoa 应用程序的基本构造就是 MVC 构架。模型保持着应用程序中的数据；视图负责数据的显示；控制处于模型和视图之间，起联系的纽带作用。控制完成的工作大致可以分为两种：一种是从模型中取得数据然后设置到视图中；另一种是当用户操作视图时，接收从视图来的通知和信息，改变模型中的值。应用程序的开发过程就是实现这两种处理的过程，多次重复这两种类型的处理之后，最终完成全部应用程序的开发。视图是在 Interface Builder 中设计的，这个过程配置的视图组件应该如何向其中设置值呢？当用户操作视图时，应该如何向控制发出通知？解决这个问题的是插座（outlet）与动作（action），使用这两项可以实现视图与控制间的关联。这一关联过程可以可视化操作，这正是 Cocoa 编程的最大特点。在现实生活中插座常见于家里的墙壁上，接上插头后就能给电器提供电源。Cocoa 编程的情况与此类似，只是需要注意的是准备在哪里等待视图进行连接。

插座是访问视图的接口，与此相对应的是由动作负责接收来自视图的通知，这样就能对用户的操作做出反应。如果事先在视图中注册了动作，当用户进行有关操作时，就会调用已注册的动作，进行与用户操作相对应的处理。插座的本质是实例变量，动作的本质是方法。在各自的前头加上 @IB 之后，插座和动作在 Xcode 及 Interface Builder 中都能被自动识别。

在第 10 章中曾经介绍右击用户界面的目标组件即标签组件，在弹出的快捷菜单中选择 New Referencing Outlet 命令，按住并拖曳至 ViewController.swift 源文件中类体内释放，从而完成插座与目标组件的连接。

11.2 组件简介

11.2.1 Cocoa 程序设计的两种框架

提供图形化界面的框架统称为 Cocoa，它包含两个框架：基础框架和应用工具（AppKit）框架。应用工具框架提供了窗口、按钮、滚动条、文本框等图形化对象。

iPhone/iPad 所运行的操作系统称为 iOS，在 Cocoa 这一层叫作 Cocoa Touch。在 Cocoa Touch 上，另一个框架是 UIKit，而不是 AppKit。可以说，UIKit 是 iOS 上的 AppKit 的变种，专门用于为 iOS 应用程序提供界面对象和控制器。表 11-1 是 UIKit 上的一些常用对象。

表 11-1

类名	界面设计器上的对象	功能
UIButton	Button	按钮。可以设置按钮上的文字、图像等属性。这个对象侦听触摸事件。当用户触摸（如单击）按钮时，这个对象调用事件关联的目标对象（例如控制器）上的某一方法

类名	界面设计器上的对象	功能
UILabel	Label	标签。用于显示不可更改的文本，并会随着文本的大小改变自身的大小
UIS ider		滑动条。通过滑动来选择某一个范围的值（如1～100）。只允许用户选择其中的一个值
UIDataPicker		日期选择器。显示一个多栏旋转的轮子，用于让用户选择日期和时间
UISegmentedControl	1 2	分段控制器。显示多个分段按钮，每个分段按钮的功能类似独立的按钮
UITextField	Text	文本输入框。用户单击这个输入框时，键盘出现，从而可以输入文本。当用户按 Enter 键时，键盘消失
UISwitch		开关。显示一个布尔类型元素，当用户选择其中一种状态时，改变元素的值（例如，是否隐藏字幕）
UITableView		表示图。可以按照多种风格（例如 plain、sectioned 和 grouped 风格）来显示数据。例如，通讯录上的人员信息就是使用这个类来实现的
UITextView		文本视图。在一个可拖动的视图中显示多行可编辑文本。用户单击它时，键盘出现，从而用户输入文本。当用户按 Enter 键时，键盘消失
UIImageView		图片视图。显示一张单独的图片或者一组图片组成的动画
UIWebView		网页视图。能够显示网页内容，并且包含导航功能
UIMapView		地图视图。能够自动显示 Google 地图
UIScrollView		滚动视图。提供一种机制，显示比应用程序窗口更多的内容
UIView		视图。窗口（或父视图）上的一个矩形区域，用于显示 UI 对象和接收事件
UISearchBar		搜索栏。它显示一个可以编辑的搜索栏，其中包括搜索图标。用户单击这个搜索栏时，键盘出现，从而输入文本。当用户按 Enter 键时，键盘消失
UINavigationBar	< Title	导航栏。用于显示一个导航栏
UITabBar	★ ...	标签栏。在视图的底部时显示一定数目的标签，用户可以单击不同的标签

组件又称控件，是可视化程序设计中非常重要的设计元素，借助于已经封装好的组件，可以使应用程序设计过程变得更加快捷、方便。Xcode 同样为 iPhone 应用程序开发提供了大量的组件。按提供的功能和特性的区别，组件可以划分为：文本提供类组件，如 UITextField、UILabel 等；命令按钮类组件，如 UIButton 等；选择类组件，如 UITableView 等；图片和媒体类组件，如 UIImageView 等多种类别。这里按"急用先学"的原则，简单介绍 UILabel、UIButton 和 UITextField 三种，也即标签组件、按钮组件和文本框组件。

11.2.2　标签组件

在 UI 设计中，常常要将一些重要的文字信息显示给用户看，最常用的显示组件就是标签组件，也即 Label 组件。标签组件中显示的文本分为静态文本和动态文本两种。静态文本是指标签组件中显示的文本内容是不变的，例如输入提示等；动态文本是指标签组件中显示的文本内容是实时变化的，例如气温显示等。

标签组件对应 UILabel 类，其继承关系是：NSObject → UIResponder → UIView → UILabel，一般用于显示一行或多行固定的文本数据，可以通过标签属性来进行设置文本的显示风格、控制文本字体的高度等。

读者可能已经注意到，iPhone 应用程序的 UI 丰富多彩，字体显示多种多样，其中很大程度上是设计者充分利用了标签组件所能提供的特征，这一切都可以在标签组件的属性框中进行设置。

numberOfLines 是标签组件的一个重要属性，它用于指定标签栏中可以显示的最大文本行数。默认值是 1，即为一行。当该值设置为 0 时，就可以显示任意多的行数，并且不受行数的限制。标签属性的设置通常是多项相结合。如果要显示的行数大于所设定的最大行数，需要设置 lineBreakMode 属性。

UILabel 组件是通过 Text 属性来设置和保存文本数据的。

UILabel 支持对文本内容设置不同的样式，如字体、字型、字号和颜色等。

11.2.3　按钮组件

可以说按钮组件也即 Button 组件，是最常用的执行控件，它的最主要的作用是实现单击触发操作。按钮组件对应 UIButton 类，其继承关系是：NSObject → UIResponder → UIView → UIControl → UIButton。仅以字符串作为 Button 标题时，标题字符串可以直接写在 Title 属性中，输入按钮要显示的标题。按钮是一个组件，可以设置按钮的属性，也可以调用按钮的方法。当单击按钮时，将引发一个 Action 事件，通过设置其属性来处理按钮的单击事件。

11.2.4　文本框组件

文本框组件也即 Text Field 组件，是 iPhone 应用程序中最常见的组件之一，也是一个很复杂的组件。Text Field 按字面的意思就是文本框，按照用户的习惯，也可以把它理解为编辑框。

文本框组件对应于 UITextField 类，其继承关系是：NSObject → UIResponder → UIView → UIControl → UITextField。

文本框属性（Text Field Attributes）由 Text Field、Control、View 三部分组成。

接下来分两部分介绍，第一部分为 Text Field 区域，如图 11-1 所示。

图 11-1

Text 字段：在应用程序启动后，文本框中显示的内容就是在该字段中输入的内容。例如，如果在 Text 字段中输入"姓名："，那么在进入应用程序时，文本框显示的内容就是"姓名："。Text 字段的第一行是文本显示格式的选择，一般情况下使用默认格式 Plain（在标签组件中已做介绍过）。Color 用来选择文本的颜色，Font 用来选择文本的字型和字号，一般只需要使用右边的上下箭头，用于减少或者增大字号（默认字号是 14 号）。

Alignment 字段：用于文本对齐方式，从图 11-1 中可以看出分为居左、居中、居右和两端对齐四种。

Placeholder 字段：用于指定在文本字段中以灰色显示文本，但前提是 Text 字段为空。在 UI 设计中，Placeholder 字段能给用户友好的提示，用户看到提示后会明白应该输入什么。

Background 和 Disabled 字段：这两个字段用于文本外观的定制。通常情况下，这两项使用默认值即可。

Border Style 字段：用于指定文本框边缘的格式。

其他各项一般都使用默认格式。

第二部分为 Control 和 View 区域，如图 11-2 所示。

Control 区域：文本框也是一个控件，它继承了 UIControl 的通用组件属性。只需要勾选 Enabled 字段，用来设置文本的外观，其他项保留默认值。

View 区域：每个控件都有一个 View（视图）属性，它继承了 UIView 类的属性。因为所有的组件都是 UIView 的子类，所以每个组件的属性都有 View 属性区域。通常，控件的 View 区域都保留为默认值。

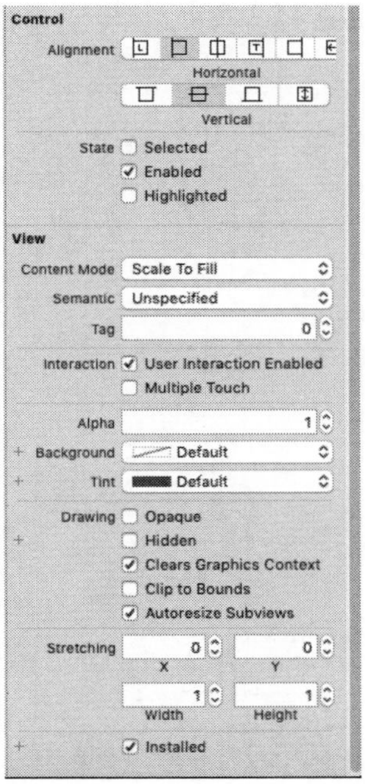

图　11-2

需要注意的是，Interaction 字段的 User Interaction Enabled 复选框设置为选中；Multiple Touch（多点触摸）的功能只有在涉及多点触摸的应用程序时才会被选中。

11.3　标签切换器的设计

设计步骤如下。

步骤 1：创建工程项目——标签切换器

创建用户页面如图 11-3 所示。

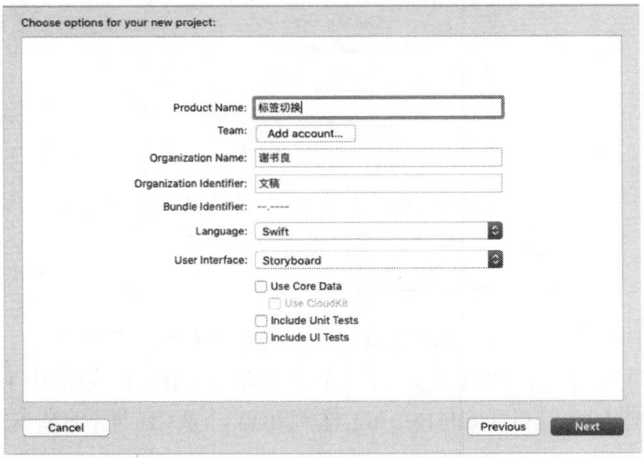

图　11-3

项目创建信息页面如图 11-4 所示。

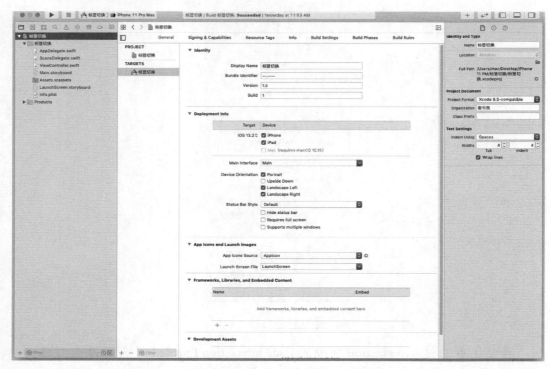

图 11-4

步骤 2：设计用户界面

在创建成功的项目总窗口的文件浏览区（见图 11-5）中选择 Main.storyboard 选项打开界面设计器，进行用户界面的设计。

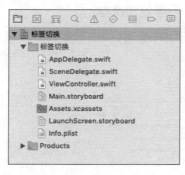

图 11-5

依照 HelloBeijing 样例，将设计器调整至如图 11-6 所示。

从图 11-7 中可以看到，界面元素由一个标签组件和两个按钮组件组成。

其设计过程与第 10 章的 HelloBeijing 样例相似，从略。组件情况如图 11-8 所示。

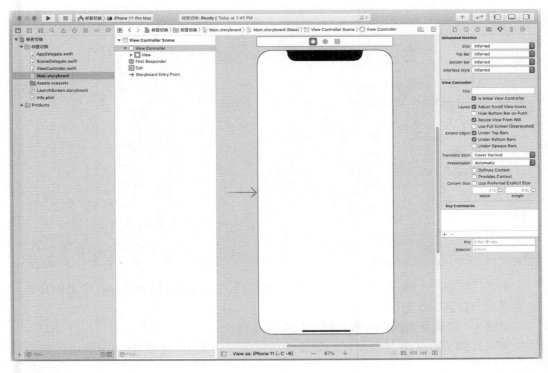

图 11-6

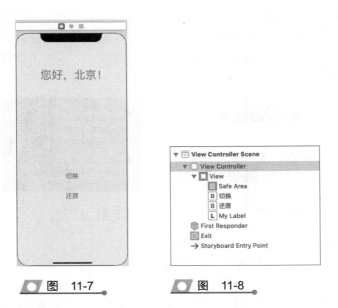

图 11-7   图 11-8

步骤 3：编写程序

在图 11-5 所示的文件浏览区（又称"导航栏"）中选择 ViewController.swift 选项打开代码设计窗口，编写如下代码：

```
import UIKit
```

```
class ViewController: UIViewController
{

    @IBOutlet weak var myLabel: UILabel!
    @IBAction func tapA(sender: UIButton)
    {
        myLabel.text="万岁,祖国!"
    }
    @IBAction func tapB(sender: UIButton)
    {
        myLabel.text="您好,北京!"
    }

}
```

上述代码由一个插座变量和两个动作方法构成,目的是在以 myLabel 命名的标签栏处实现两个标签文本的切换。

步骤 4:实现界面组件元素与程序代码的连接

实现界面组件元素与程序代码的连接可以使用与第 10 章的 HelloBeijing 样例相似的方法打开辅助设计模式进行,由于该项目程序代码比较简单,也可以采用如下简单方式进行。

从图 11-9 所示的模拟器上方的 View Controller(视图控制)按钮处按住鼠标右键将鼠标拖曳至标签处释放,在弹出的快捷菜单中选中 myLabel,右击标签,可以看到如图 11-10 中第五行所示的 myLabel 右边的小圆圈变成实心,表明界面组件元素标签与程序代码的连接成功。

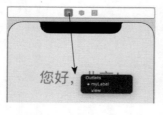
图 11-9

图 11-10

下面实现将按钮组件与程序代码连接。

在"切换"和"还原"按钮组处(见图 11-11),按住右键将鼠标指针拖曳至模拟器上方的 View Controller 按钮处释放,在弹出的快捷菜单中选中 tapAWithSender:;此时右击"切换"按钮可以看到图 11-12 中第 19 行箭头所示的 Touch Up Inside 选项右边的小圆圈变成实心,表明程序代码与界面组件元素"切换"按钮连接成功。

用同样的方法实现程序代码与界面组件元素"还原"按钮的连接,单击 View Controller 按钮,在图 11-13 中可以看到标签及"切换"和"还原"按钮组件均连接成功。

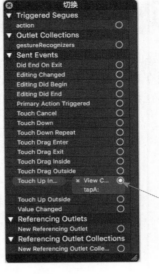

图 11-11　　　　　　图 11-12　　　　　　图 11-13

步骤 5：运行应用程序

单击图 11-14 中的向右的箭头，即"运行"按钮或按 Command+R 组合键后，模拟器上显示界面如图 11-15 所示。

图 11-14

单击"切换"按钮，显示界面如图 11-16 所示。
单击"还原"按钮，显示界面如图 11-17 所示。

图 11-15　　　　　　图 11-16　　　　　　图 11-17

至此，"标签切换器"项目全部设计完毕。

用户界面在模拟器上显示界面如图 11-18 所示。

单击按钮 A 后，用户界面在模拟器上显示如图 11-19 所示。

单击按钮 D 后，用户界面在模拟器上显示如图 11-20 所示。

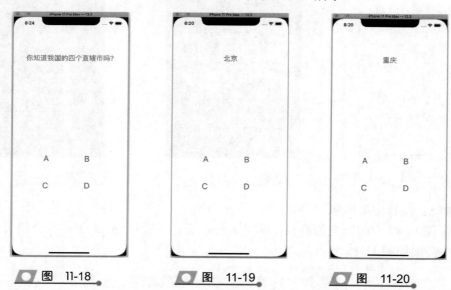

图　11-18　　　　图　11-19　　　　图　11-20

设计步骤如下。

步骤 1：创建工程项目——猜题器

创建过程如图 11-21 所示。

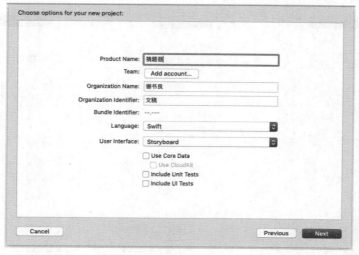

图　11-21

步骤 2：设计用户界面

用户界面在模拟器上显示如图 11-22 所示。

图 11-22

可以看出，界面元素由一个标签组件和四个按钮组件组成。具体操作过程与"标签切换器"样例相似，此处省略。

步骤 3：编写程序（.swift 文件）

编写如下代码：

```swift
import UIKit

class ViewController: UIViewController {

    @IBOutlet weak var MyLabel: UILabel!

    @IBAction func tapA(sender: UIButton) {
        MyLabel.text=" 北京 "
    }
    @IBAction func tapB(sender: UIButton) {
        MyLabel.text=" 天津 "
    }
    @IBAction func tapC(sender: UIButton) {
        MyLabel.text=" 上海 "
    }
    @IBAction func tapD(sender: UIButton) {
        MyLabel.text=" 重庆 "
    }

}
```

从程序中可以看出，增加了和实现标签切换项目的四个方法的内容：MyLabel.text="北京"，MyLabel.text="上海"，MyLabel.text="天津"，MyLabel.text="重庆"。

步骤 4：实现界面组件元素与程序代码的连接

具体方法与"标签切换器"样例相似，此处省略。

步骤 5：运行应用程序

按 Command+R 组合键后，用户界面在模拟器上显示如图 11-18 所示。

11.5　通讯录的设计

本节将通过"通讯录"实例说明如何用文本框进行输入。由于 iPhone 的存储空间有限，作为一个简单的通讯录，只需要"姓名""电话号码"和"电子邮箱"三项就够了。打开"通讯录"项目并运行后，在模拟器中显示界面如图 11-23 所示。

光标停留在用灰色标识"姓名"的编辑框内，由于 Swift 5 不会主动显示虚拟键盘，必须用 Shift+Command+K 组合键打开虚拟键盘，如图 11-24 所示。用虚拟的英文键盘输入 XieNing，单击"输入 1"按钮，输入的内容就在上面的"姓名"栏中显示出来，如图 11-25 所示。

图　11-23

图　11-24

图　11-25

单击呈灰色显示的"电话号码："的编辑框，此时会自动显示一个虚拟的数字键盘（见图 11-26），输入 13612345678，单击"输入 2"按钮，输入的内容就在上面的"电话号码"栏中显示出来。

再单击呈灰色显示的"电子邮箱"的编辑框，此时会自动显示一个电子邮箱的虚拟键盘，输入 xiening@163.com，单击"输入 3"按钮，输入的内容就在上面的"电子邮箱"栏中显示出来，如图 11-27 所示。

最后按 Shift+Command+K 组合键关闭虚拟键盘，如图 11-28 所示。

图 11-26

图 11-27

图 11-28

设计步骤如下。

步骤 1：创建工程项目——通讯录

创建过程与图 11-21 类似，名称为"通讯录"。

步骤 2：设计用户界面

用户界面在模拟器上显示如图 11-29 所示。

界面元素如图 11-30 所示。

图 11-29

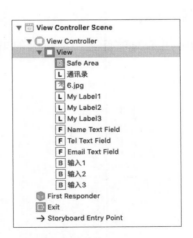

图 11-30

标签类组件有 4 个：通讯录、MyLabel1、MyLabel2 和 MyLabel3。

按钮类组件有 3 个：输入 1、输入 2 和输入 3。

文本编辑框组件有 3 个：Name Text Field、Tel Text Field 和 Email Text Field。

图像视图组件有 1 个：Image View（6.jpg）。

其属性设置分别如图 11-31 ～图 11-33 所示。

  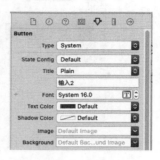

图 11-31 图 11-32 图 11-33

另外设置虚拟键盘的格式，图 11-34 所示为设置输入电话号码的虚拟数字键盘，图 11-35 所示为设置输入电子邮箱带 @ 符号的虚拟键盘 。

 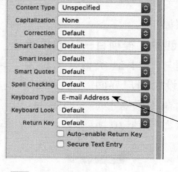

图 11-34 图 11-35

右击图 11-36 所示的项目文件浏览区的项目文件夹，弹出如图 11-37 所示的快捷菜单。

图 11-36 图 11-37

单击"Add File to"通讯录""命令，在图片库中选好一幅照片后，单击 Add 按钮加入。然后在图像视图组件的属性栏选中该图片，如图 11-38 所示。

步骤 3：编写程序

单击图 11-39 中项目文件浏览区的 ViewController.swift 文件。

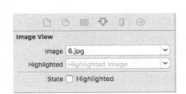

图 11-38

图 11-39

打开代码框架，写入如下代码。

```swift
import UIKit

class ViewController: UIViewController
{
    @IBOutlet var nameTextField:UITextField!
    @IBOutlet var telTextField:UITextField!
    @IBOutlet var emailTextField:UITextField!
    @IBOutlet var myLabel1:UILabel!
    @IBOutlet var myLabel2:UILabel!
    @IBOutlet var myLabel3:UILabel!

    override func viewDidLoad()
    {
        super.viewDidLoad()
        nameTextField.becomeFirstResponder()
        telTextField.becomeFirstResponder()
        emailTextField.becomeFirstResponder()
    }

    @IBAction func nameButtonClick(sender:UIButton){
        myLabel1.text=nameTextField.text
    }

    @IBAction func telButtonClick(sender: UIButton)
    {
        myLabel2.text=telTextField.text
    }

    @IBAction func emailButtonClick(sender: UIButton)
```

```
    {
        myLabel3.text=emailTextField.text
    }
}
```

代码分析：

上述代码先分别定义了三个文本编辑框组件的对象：nameTextField、telTextField、emailTextFieldt，以及三个标签组件的对象：myLabel1、myLabel2、myLabel3。

第一个方法 viewDidLoad() 用于程序运行后显示输入姓名、电话号码、电子邮箱时的不同虚拟键盘，接下来的几个方法通过按钮分别将文本编辑框组件中输入的内容输送到相对应的标签组件中并显示。

步骤 4：完成插座和动作的关联，实现界面组件元素与程序代码的连接

用右键从画布上方或左方的 View Controller 按钮拖曳至三个标签组件上释放，在弹出的如图 11-40 所示的快捷菜单中分别选中相应标签组件的对象名，这里选中了 myLabel 1。

再用右键从画布上方或左方的 View Controller 按钮拖曳至三个文本编辑框组件上释放，在弹出的如图 11-41 所示的快捷菜单中分别选中相应文本编辑框组件的对象名，这里选中了 nameTextField。

最后用右键分别从四个按钮处拖曳至画布上方或左方的 View Controller 按钮，在弹出的如图 11-42 所示的快捷菜单中分别选中相应按钮组件对应的方法名。

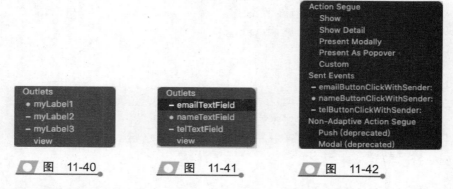

图 11-40　　　　图 11-41　　　　图 11-42

每一步完成后都要按 Command+S 组合键即时保存，否则可能会在运行时出现预想不到且较难检查的后果。

步骤 5：运行应用程序

按 Command+R 组合键后，用户界面在模拟器上显示如图 11-23 ～图 11-28 所示。

至此，"通讯录"项目的设计任务全部完成。

若要修改已经做好的项目，可以按如下方法操作：打开项目保存的目录（如"文稿"），打开项目所在的文件夹（如"标签切换""猜题器""通讯录"），再分别双击"标签切换 .xcodeproj""猜题器 .xcodeproj""通讯录 .xcodeproj"图标，打开相应项目，然后就可以修改了。

第 12 章

选择和查询应用

12.1 组件简介

12.1.1 日期选择组件

许多应用程序都需要用户输入日期或时间，日期选择组件也即 DatePicker 组件，能在界面创建一个显示日期和时间的卷轴，用户卷动卷轴即可选取日期和时间。

DatePicker 组件常用属性如表 12-1 所示。

表 12-1

属性名称	说明
Mode	设置日期和时间显示模式，默认值为 Date and Time，表示日期和时间都会显示
Locale	设置地区，默认值为 Default，以英文显示
Interval	设置显示项目的时间间隔，范围是 1 ～ 30min，默认值为 1min
Date	设置选取日期，默认值为当前日期
Constraints /Minimum Date	设置最小选取日期，须先选中，再在下方输入日期和时间；若未选则无法输入
Constraints /Maximum Date	设置最大选取日期，须先选中，再在下方输入日期和时间；若未选则无法输入
Timer	设置倒计时的时间，单位为秒

在属性面板设置属性固然方便，但却有许多缺点。首先，每次通过拖动创建组件时，都要一一设置各种属性，有时可能会发生遗漏。其次，阅读别人的程序时，不可能检查每个组件的每一个属性，因而降低了程序的可读性。最后，有些属性并未完全列在属性面板中，这些属性必须通过程序来设置。

下面重点说明 Mode 属性和 Locale 属性。

1. Mode 属性

设置 DatePicker 组件 Mode 属性的语法为：

```
DatePicker 组件 .datePickerMode=UIDatePickerMode. 模式
```

"模式"有四种值：DateAndTime、Date、Time 以及 CountDownTimer。

例如，设置名称为"日期选择器"项目的 DatePickerMode 组件的 Mode 属性为：

```
DateAndTime:
datePicker.datePickerMode=UIDatePickerMode.DateAndTime
```

2. Locale 属性

DatePicker 组件显示的文字会随着 Locale 属性设置值的不同而异，程序的设置语法为：

```
DatePicker 组件 .locale=NSLocale(localeIdentifier:" 地区代码 ")
```

不同语言其"地区代码"不同，较常用的是：en 为英文、zh_TW 为繁体中文、zh_CN 为简体中文。

例如，设置名称为"日期和时间选择器"项目的 DatePickerMode 组件使用简体中文显示，代码为： datePicker.locale=NSLocale(localeIdentifier:"zh_CN")。

12.1.2　表视图组件

Table View 组件称为表视图组件，它以一行一行的方式显示数据，每一行数据称为一个单元格（cell），每一个单元格可以包含一个或多个不同类型的组件。

Table View 继承自 View 类，简单的做法是从组件区拖动 Table View 组件到 View 中，就可以加入一个 Table View 组件。有时也可以由程序代码自动生成。

索引表格项目需要用到的代理方法如表 12-2 所示。

表　12-2

代理方法	方法说明
numberOfSectionsInTableView(_:)	设置表格视图中章节的数量，默认值为 1。如果需要添加多个章节，只返回一个更大的整数即可
tableView(_:numberOfRowsInSection:)	设置指定章节中单元格行的数量
tableView(_:titleForHeaderInSection:)	设置章节的标题文字，返回结果为字符串。若返回结果为 nil，则章节没有标题
sectionIndexTitlesForTableView(_:)	设置在表格右侧显示的索引序列的内容，返回结果为一个字符串数组
tableView(_:cellForRowAtIndexPath:)	初始化和复用单元格

12.2　日期和时间选择器的设计

设计步骤如下。

步骤 1：创建工程项目——日期和时间选择器

创建过程类似图 11-21，项目名为"日期和时间选择器"。

步骤 2：设计用户界面

用户界面在模拟器上显示界面如图 12-1 所示。

界面元素由一个 Date Picker 组件和 4 个标签组件组成，如图 12-2 所示。

步骤 3：编写程序

在图 12-3 所示的项目文件浏览区双击 ViewController.swift 文件，打开代码框架，编写如下代码：

图 12-1

图 12-2

图 12-3

```swift
import UIKit

class ViewController: UIViewController {

    var dateFormatter=DateFormatter()                    //声明日期时间格式变量

    @IBOutlet var datePicker:UIDatePicker!               //日期时间组件连接
    @IBOutlet var labelMsg:UILabel!                      //显示信息的标签组件连接

    //用户选取日期就更新显示
    @IBAction func dataChange(sender:UIDatePicker)
    {
        labelMsg.text=dateFormatter.string(from: datePicker.date)
    }

    override func viewDidLoad()
    {
        super.viewDidLoad()
        //Do any additional setup after loading the view, typically
          from a nib
          datePicker.datePickerMode=UIDatePicker.Mode.dateAndTime
        //显示模式
        datePicker.locale=NSLocale(localeIdentifier:"zh_CN") as Locale
        //用简体中文显示
        datePicker.date=NSDate() as Date
        dateFormatter.dateFormat=" 公元 y 年 M 月 d 日 hh 点 mm 分 ss 秒 "
        //显示格式
        labelMsg.text=dateFormatter.string(from: datePicker.date)
```

```
        }

    }
```

代码分析：

用 var dateFormatter=DateFormatter() 声明日期时间格式变量，此变量在 dataChange()
和 viewDidLoad() 中都会使用，故在此声明为全局变量；

用 dataChange() 方法控制当用户选取日期和时间时立即在标签组件中按日期时间组
件设置的格式更新显示；

用 datePicker.datePickerMode=UIDatePicker Mode.DateAndTime 设置组件的显示模式
为日期和时间；

用 datePicker.locale=NSLocale(localeIdentifier:"zh_CN") 设置组件的显示地区语言为
简体中文；

用 datePicker.date=NSDate() 设置组件显示的为当前的日期和时间；

用 dateFormatter.dateFormat="公元 y 年 M 月 d 日 hh 点 mm 分 ss 秒" 设置组件的显
示格式；

用 labelMsg.text=dateFormatter.string (datePicker.date) 在标签组件中显示程序开始执
行时的日期和时间。

步骤 4：完成插座和动作的关联，实现界面组件元素与程序代码的连接

用右键把 View Controller 按钮拖曳至 datePicker 组件上释放，在弹出的如图 12-4 所示的快
捷菜单中选中日期时间组件的对象名 datePicker。接着用右键把 datePicker 组件起拖曳至 View
Controller 按钮，在弹出的快捷菜单中分别选中相应按钮组件对应的方法名 dataChange。

再用右键把 View Controller 按钮拖曳至下方的标签组件上释放，在弹出的如图 12-5
所示的快捷菜单中选中标签组件的对象名 labelMsg。

完成插座和动作的关联之后，要及时按 Command+S 组合键保存。

最后右击 View Controller 按钮，在弹出的如图 12-6 所示的快捷菜单中可以查看全
部连接信息。

图 12-4

图 12-5

图 12-6

步骤 5：运行应用程序

按 Command+R 组合键后，用户界面在仿真器上显示如图 12-7 所示，显示的是系统当前的日期和时间。

在选取新的日期和时间之后，显示的是更新的日期和时间，如图 12-8 所示。

图 12-7　　　　　　　图 12-8

至此，"日期和时间选择器"项目全部设计完毕。

12.3　数据查询器的设计

数据查询器的设计总窗口如图 12-9 所示。

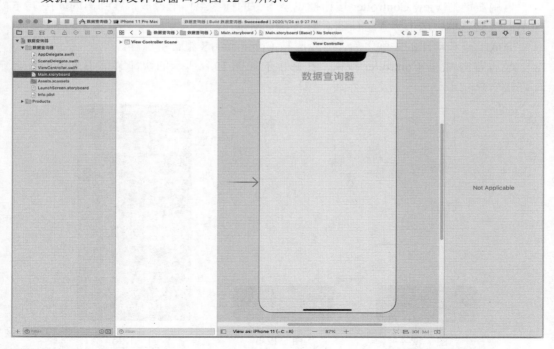

图 12-9

设计步骤如下。

步骤 1：创建工程项目——数据查询器

创建过程类似图 11-21，项目名为"数据查询器"。

步骤 2：设计用户界面

该项目全部是由程序代码运行生成的，因而是一个空的界面，其中只有一个标志项目名称的静态标签，如图 12-10 所示。

步骤 3：编写程序

在图 12-11 所示的项目文件浏览区双击 ViewController.swift 文件，打开代码框架，编写如下代码：

图 12-10

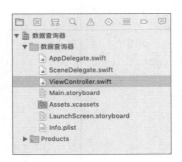

图 12-11

```swift
import UIKit

class ViewController: UIViewController,UITableViewDataSource
{

    var countries:Dictionary<String,[String]>=
    ["Hh":["黄海 "," 男 "," 重庆 ","13667890123","QQ:678901234","hh@126.com"],
    "Lb":["李斌 "," 男 "," 上海 ","13612345678","QQ:123456789","lb@126.com"],
    "Lm":["李明 "," 男 "," 西安 ","13678901234","QQ:789012345","lm@126.com"],
    "Qx":["钱新 "," 男 "," 天津 ","13645678901","QQ:456789012","qx@126.com"],
    "Sl":["宋玲 "," 女 "," 北京 ","13634567890","QQ:345678901","sl@126.com"],
    "Sm":["孙梅 "," 女 "," 广州 ","13689012345","QQ:890123456","sm@126.com"],
    "Wy":["王英 "," 女 "," 武汉 ","13656789012","QQ:567890123","wy@126.com"],
    "Xl":["谢璐 "," 女 "," 南昌 ","13690123456","QQ:901234567","xl@126.com"],
    "Zq":["周青 "," 男 "," 南京 ","13623456789","QQ:234567890","zq@126.com"],
    "Zj":["赵佳 "," 女 "," 北京 ","13601234567","QQ:012345678","zj@126.com"]]
```

```swift
    var keys:[String]=[]

    override func viewDidLoad()
    {
        super.viewDidLoad()
        //Do any additional setup after loading the view

          keys=Array(countries.keys).sorted()

        let screenRect=UIScreen.main.bounds
        let tableRect=CGRect(x:0,y:20,width:screenRect.size.width,height:
screenRect.size.height-20)

        let tableView=UITableView(frame:tableRect)

        tableView.dataSource=self
        self.view.addSubview(tableView)
    }
    //返回键名数组的长度作为表格中章节的数目
    func numberOfSections(in tableView: UITableView) -> Int
    {
        return keys.count
    }

    //根据键名对应的键值，返回数组的长度作为指定章节的单元格数列数量
    func tableView(_ tableView: UITableView, numberOfRowsInSection
section: Int) -> Int
    {
        let subCountries=countries[keys[section]]
        return(subCountries?.count)!
    }

    //返回键名数组的键名作为表格中章节的标题文字
    func tableView(_ tableView: UITableView, titleForHeaderInSection
section:Int) -> String? {
        return keys[section]
    }

    //返回键名数组作为索引序列的内容
    func sectionIndexTitles(for tableView: UITableView) -> [String]?
    {
        return keys
    }
```

```
        func tableView(_ tableView: UITableView, cellForRowAt indexPath:
IndexPath) -> UITableViewCell
    {
        let identifier="reusedCell"
        var cell=tableView.dequeueReusableCell(withIdentifier: identifier)
        if(cell==nil)
        {
            cell=UITableViewCell(style:UITableViewCell.CellStyle.default,
reuseIdentifier:identifier)
        }

        //根据 IndexPath 参数的章节值获得当前单元格所在的章节序号并组成数组
        let subCountries=countries[keys[(indexPath as NSIndexPath).section]]
        //根据 IndexPath 参数的 row 值获得当前单元格所在章节行号并完成初始化和设置
        cell?.textLabel?.text=subCountries![(indexPath as NSIndexPath).row]

        return cell!
    }
}
```

代码分析：

该项目是设计一个带索引的表格型的通讯录，每条记录共有姓名、性别、通信地址、电话号码、QQ 号和电子邮箱六项，属于多种数据类型，所以使用了字典给表格对象提供数据源。字典对象的键作为 UITableView 的 Section（章节），字典对象的值（数组）作为 Section 中单元格的内容。

接着定义了一个数组对象 keys 用来存储按升序排列的键名序列，这个数组的长度将作为表格中章节的数目。用 keys=Array(countries.keys).sorted() 获得 countries 字典对象所有的键名，并转换为一个按升序排列的数组对象。数组对象的 sorted() 方法就是对数组进行升序排列用的。

用程序代码设计数据表格的范围为整个屏幕，显示内容的索引序列设置在数据表格的右侧。

步骤 4：完成插座和动作的关联，实现界面组件元素与程序代码的连接

此项目不需要，从略。

步骤 5：运行应用程序

按 Command+R 组合键后，用户界面在模拟器上显示如图 12-12 所示。

在右边中间索引序列条内单击 Qx 之后，在模拟器上显示如图 12-13 所示。

在右边中间索引序列条内单击 Wy 之后，在模拟器上显示如图 12-14 所示。

在右边中间索引序列条内单击 Zj 之后，在模拟器上显示如图 12-15 所示。

图 12-12

图 12-13

图 12-14

图 12-15

　　至此，"数据查询器"项目全部设计完毕。

第 13 章

图片应用

13.1 数字化图像

数码照片几乎都是采用压缩格式存放的,需要了解其存放格式和大小的转换和处理,这就涉及数字化图像的有关概念。

数字化图像可以分为图形和图像两种。图像是呈现给人们的一幅幅界面,一般是由图像输入设备捕获,以数字化的形式存储在计算机中的,例如照片、绘画等;图形则是由绘图工具绘制,由点、线、面、体和文字等图元构成的,例如图案、工程图样等。

13.1.1 图像的大小

数码照片是数字化图像,在计算机屏幕上是由若干个点(也称像素)构成的。通常,计算机中有一个显示存储器(也称帧存储器),它存放的是与屏幕上的像素一一对应的一个数据矩阵,即屏幕上有多少个像素,帧存储器中就有多少个元素。帧存储器中的每个元素都存放着屏幕上对应像素的颜色、亮度等信息。

决定数字图像质量的主要因素有分辨率和颜色深度两个指标。

分辨率是用水平方向的像素点和垂直方向的像素点的乘积来表示的,例如,水平方向有 1024 像素,垂直方向有 768 像素,分辨率就用 1024×768 表示。iPhone 3G 的分辨率为 480×320,iPhone 4 的分辨率为 960×640,iPhone 6G 的分辨率为 1024×768。

屏幕上每一像素的颜色信息都是用若干位二进制数据来表示的,这个数据就是图像的颜色深度,颜色深度反映了构成图像所用的颜色的总数。颜色深度与颜色总数的关系如表 13-1 所示。

表 13-1

颜色深度	颜色总数	图像名称
1	2	单色图像
4	16	16 色图像
8	256	256 色图像
16	65 536	16 位增强色
24	16 777 216	24 位真彩色

13.1.2 图像的格式

图像的基本格式是 BMP,其全称是 bitmap(即位图)。它采用一位映射的存储形式,存储构成图像的每一个点上的颜色、亮度等一些相关信息。位图适合描写风景、人物等内容,适用于表现含有大量细节的界面,其扩展名为 .bmp。软件的图像资源多数以 BMP 格式存储,多数图形图像软件都支持这种格式。一般作为资源使用的 .bmp 文件都是非压缩的,由于它能被大多数软件所接受,所以 BMP 格式又称为通用格式。存储一幅分辨率为 640×480、24 位真彩色的图像约需 1MB 的存储空间。iPhone 的存储量都较小,无法采用这种格式。

JPEG 格式是由静态图像专家组制定的图像标准，其初衷是为了解决专业摄影人员高质量图片的存储问题。JPEG 文件的扩展名是 .jpg，其最大的特点就是采用很高的压缩比将图像用 JPEG 方法进行压缩，由于其利用了视觉特征，去除了人眼不敏感的冗余数据，因此尽管压缩比例到 1/10 甚至 1/20，图像质量并没有明显降低，所以 JPEG 是用最经济的存储空间得到较好图像质量的一种图像格式。这种格式的文件非常小，一般只有几万字节到一二十万字节，而色彩数可达到 24 位，因而在数码摄影中广泛采用。iPhone 的应用软件使用 UIImageView 类，它支持的图片格式除 JPG 外，还有 PNG 和 GIF 等。

13.2 组件介绍

13.2.1 图像视图组件

图像视图组件也即 Image View 组件，是 iPhone 应用中常用的控件之一。图像组件是用来把图像显示给用户看的，图像显示分为静态显示和动态显示，静态显示是指图像在程序运行过程中不会发生变化，它把要显示的图像文件直接加载到图像视图组件中；而动态图像则是指要显示的图像内容是变化的。作为简单入门，在这里只介绍静态图像显示。

图像视图组件在组件箱的位置如图 13-1 所示。

Image View 对应 UIImageView 类，其继承关系如下：NSObject → UIResponder → UIView → UIImageView。

框架位于 /Sytem/Library/Frameworks/UIKit.framework。

图像视图组件的属性包括 Image View 和 View 两个区域，如图 13-2 所示，其主要在 Image View 区域中的 Image 字段进行设置。

图 13-1

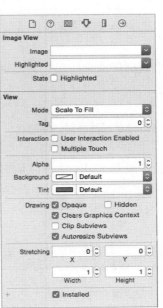

图 13-2

（1）Image View 区域。在 Image 字段右侧有一个方向朝下的箭头，单击这个下拉箭头，框内会显示可用的图像，当然这些图像都是已经添加到工程中的文件。选中想要的图像文件，完成这个操作之后，图像将自动显示在图像视图中。

（2）View 区域。

- ❑ Mode 字段：用于指定图像在视图内部的对齐方式，默认值为中间对齐（Center）。
- ❑ Alpha 字段：定义图像的透明度，也就是图像背后内容的可见度。如果 Alpha 值小于 1.0，iPhone 应用程序将以透明的方式显示该视图，这样，位于图像视图之后的控件都是可见的。如果图像视图背后没有可显示的内容，应将 Alpha 值设置为 1.0，这是因为系统在绘制透明视图时需要额外的资源开销。

13.2.2　开关组件

开关组件也即 Switch 组件，是很像开关的组件，可以在界面创建“开/关”按钮，其功能是用来控制布尔数据类型。开始执行时，Switch 组件呈“开”状态，单击组件后会改变为“关”状态，再单击又呈“开”状态。Switch 组件常用属性如表 13-2 所示。

表　13-2

属性名称	说明
State	组件状态，有 On 和 Off 两种，默认值为 On
On Tint	组件状态为 On 时左边圆形的颜色，默认为绿色
Thumb Tint	组件状态为 On 时右边圆形的颜色，默认为白色

Switch 组件大小是固定的，不允许用户变更。系统默认 Switch 组件的宽为 51 像素，高为 31 像素。

如果不喜欢组件原来的颜色，则可以使用 On Tint 和 Thumb Tint 属性更改组件左边和右边的颜色。

13.2.3　滑动器组件

滑动器组件也即 Slider 组件，是一个像滑动电阻器的组件，它是改变数值的工具。Slider 组件只有一个按钮，拖动按钮就可改变目前的属性值（在程序中称为 Value 属性）。Slider 组件常用属性如表 13-3 所示。

表　13-3

属性名称	说明
Value/Minimum	组件可设置的最小值，默认值为 0
Value/Maxmum	组件可设置的最大值，默认值为 1
Current	组件当前的设置值，默认值为 0.5

属性名称	说明
Minimum Track Tint	组件按钮左边的颜色，默认为蓝色
Maxmum Track Tint	组件按钮右边的颜色，默认为灰色
Events/Continuous Updates	如果选中此项目，则在拖动按钮时组件值会随时更新；若未选中，则在拖动按钮时组件值不会更新，直到放开按钮时才更新。默认为选中

13.3 色彩的变化的设计

"色彩的变化"项目的设计总窗口如图 13-3 所示。

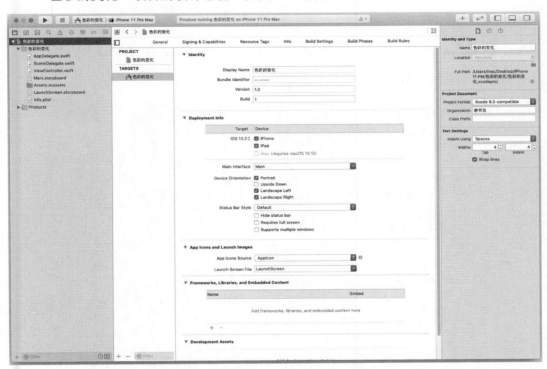

图 13-3

设计步骤如下。

步骤 1：创建工程项目——色彩的变化

创建过程类似图 11-21。项目名为"色彩的变化"。

步骤 2：设计用户界面

用户界面在模拟器上显示如图 13-4 所示。

界面之素由一个 Switch 组件和一个 Slider 组件组成，如图 13-5 所示。

步骤 3：编写程序

在图 13-6 所示的项目文件浏览区双击 ViewController.swift 文件。

图 13-4　　　　　图 13-5　　　　　图 13-6

打开代码框架，编写如下代码：

```swift
import UIKit

class ViewController: UIViewController
{
    @IBOutlet weak var toggleSwitch: UISwitch!
    @IBOutlet weak var hueSlider: UISlider!

    let kOnOffToggle="onOff"
    let kHueSetting="hue"

    @IBAction func setBackgroundHueValue(_ sender: AnyObject?)
    {

        let userDefaults: UserDefaults = UserDefaults.standard

        userDefaults.set(toggleSwitch.isOn, forKey: kOnOffToggle)
        userDefaults.set(hueSlider.value, forKey: kHueSetting)
        userDefaults.synchronize()

        if toggleSwitch.isOn
        {
            view.backgroundColor=UIColor(hue: CGFloat(hueSlider.value),
                saturation: 0.75, brightness: 0.75, alpha: 1.0)
        }
        else
        {
            view.backgroundColor=UIColor.white
        }
```

```
    }

    override func viewDidLoad()
    {
        super.viewDidLoad()
        //Do any additional setup after loading the view, typically
        //from a nib.
        let userDefaults: UserDefaults = UserDefaults.standard
        hueSlider.value=userDefaults.float(forKey: kHueSetting)
        toggleSwitch.isOn=userDefaults.bool(forKey: kOnOffToggle)

        setBackgroundHueValue(nil)
    }

}
```

代码分析：

程序开始设置了 Switch 组件和 Slider 组件的对象变量 toggleSwitch 和 hueSlider，定义了两个常量 kOnOffToggle 和 kHueSetting，并赋予初始值。后面用了两个方法控制两个组件的装入和使用。

步骤 4：完成插座和动作的关联，实现界面组件元素与程序代码的连接

此项目需要建立界面组件元素与程序代码的连接，方法比较简单。首先用右键把 View Controller 按钮拖曳至 Switch 组件上释放，在弹出的快捷菜单中选中 toggleSwitch，如图 13-7 所示；其次用右键把 View Controller 按钮拖曳至 Slider 组件上释放，在弹出的快捷菜单中选中 hueSlider，如图 13-8 所示，至此完成界面组件元素与程序代码的连接。

图 13-7　　　　　　　　　图 13-8

步骤 5：运行应用程序

按 Command+R 组合键后，用户界面在模拟器上显示如图 13-9 所示。

单击 Switch 组件后用户界面在模拟器上显示如图 13-10 所示。

图 13-9　　　　　　图 13-10

拖动 Slider 组件按钮后，颜色分别变化为黄色、绿色、蓝色、紫色、红色。

"色彩的变化"项目设计至此结束。

13.4　照片切换器的设计

设计步骤如下。

步骤 1：创建工程项目——照片切换器

创建过程类似图 11-21。项目名为"照片切换器"。

步骤 2：设计用户界面

用户界面在模拟器上显示如图 13-11 所示。

界面元素由一个 Image View 组件、两个 Button 组件和一个用于界面标题的 Label 组件构成，如图 13-12 所示。

步骤 3：编写程序

在图 13-13 所示的项目文件浏览区双击 ViewController.swift 文件。

图 13-11

图 13-12

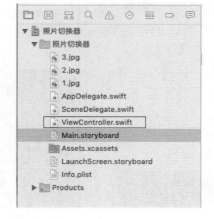

图 13-13

打开代码框架，编写如下代码：

```swift
import UIKit

class ViewController: UIViewController
{

    @IBOutlet var imagePhoto:UIImageView!


    @IBAction func pic1Click(sender:UIButton)
    {
        imagePhoto.image=UIImage(named:"2.jpg")
    }


    @IBAction func pic3Click(sender:UIButton)
    {
        imagePhoto.image=UIImage(named:"3.jpg")
    }


}
```

代码分析：

此程序代码比较简单，首先定义了一个图像类的对象变量 imagePhoto，然后在两个方法中完成按钮触发事件，实现两幅照片的切换。

步骤 4：完成插座和动作的关联，实现界面组件元素与程序代码的连接

用右键把 View Controller 按钮拖曳至图像视图组件上释放，在弹出的如图 13-14 所示的快捷菜单中选中图像视图组件的对象名 imagePhoto。

用右键分别把两个按钮拖曳至 View Controller 按钮上释放，在弹出的如图 13-15 和图 13-16 所示的快捷菜单中分别选中相应按钮组件对应的方法名 pic1Click: 和 pic3Click:。

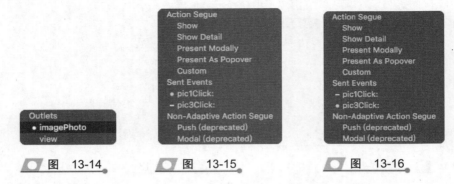

图 13-14　　　　　图 13-15　　　　　图 13-16

完成插座和动作的关联之后，要及时按 Command+S 组合键保存。

最后右击 View Controller 按钮，在弹出的如图 13-17 所示的快捷菜单中可以查看到全部连接信息。

图 13-17

步骤 5：运行应用程序。

按 Command+R 组合键后，用户界面在仿真器上显示如图 13-18 所示，显示的是预先设置的一幅照片。

单击"切换 1"按钮，在仿真器上显示如图 13-19 所示的照片；单击"切换 2"按钮，在仿真器上显示如图 13-20 所示的照片。

图 13-18　　　　　　　图 13-19　　　　　　　图 13-20

整个项目至此全部设计完毕。

13.5　照片浏览器的设计

设计步骤如下。

步骤 1：创建工程项目——照片浏览器

创建过程类似图 11-21。项目名为"照片浏览器"。

步骤 2：设计用户界面

用户界面在模拟器上显示如图 13-21 所示。

图 13-21

界面元素由一个 Image View 组件、两个 Button 组件和一个用于界面标题的 Label 组件构成，如图 13-22 所示。

步骤 3：编写程序

在图 13-23 所示的项目文件浏览区双击 ViewController.swift 文件。

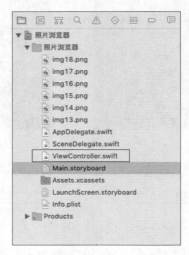

图 13-22   图 13-23

打开代码框架，编写如下代码：

```swift
import UIKit

class ViewController: UIViewController
{

    var arrayName=["img13.png","img14.png","img15.png","img16.png","img17.png","img18.png"]
    var arrayImage:Array<UIImage>=[]
    var count:Int=0

    @IBOutlet weak var imageShow:UIImageView!


    @IBAction func startClick(sender:UIButton)
    {
        imageShow.startAnimating()
    }

    @IBAction func endClick(sender:UIButton)
    {
        imageShow.stopAnimating()
    }
```

```
override func viewDidLoad()
{
    super.viewDidLoad()

    imageShow.image=UIImage(named:"img17.png")
    count=arrayName.count
    for i in 0..<count
    {
        arrayImage.append(UIImage(named:arrayName[i])!)
    }
    imageShow.animationImages=arrayImage
    imageShow.animationDuration=TimeInterval(count * 5)
}

}
```

代码分析：

首先创建一个名为 arrayName 的由 6 幅 PNG 格式照片构成的数组，并定义了一个用于循环显示照片的循环变量 count 和一个控制照片显示的图像视图类对象变量 imageShow。

其次声明两个用于控制照片自动播放的按钮触发方法，startClick () 方法用于浏览"开始"，endClick() 方法用于浏览"结束"。

在装入方法 viewDidLoad() 中，先将其中一幅照片作为浏览的基础，再使用一个 for 循环按索引序显示后续照片，完成"照片浏览"任务。

最后用 imageShow.animationDuration=imeInterval(count * 5) 控制每幅照片的显示时间为 5s。

步骤 4：完成插座和动作的关联，实现界面组件元素与程序代码的连接

用右键把 View Controller 按钮拖曳至图像视图组件上释放，在弹出的如图 13-24 所示的快捷菜单中选中图像视图组件的对象名 imageShow。

　图　13-24

用右键分别把两个按钮拖曳至 View Controller 按钮上释放，在弹出的如图 13-25 和图 13-26 所示的快捷菜单中分别选中相应按钮组件对应的方法名 startClick: 和 endClick:。

完成插座和动作的关联之后，要及时按 Command+S 组合键进行保存。

最后右击 View Controller 按钮，在弹出的如图 13-27 所示的快捷菜单中可以查看到全部连接信息。

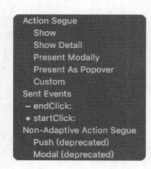

图 13-25

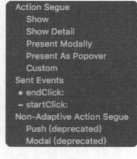

图 13-26

图 13-27

步骤 5：运行应用程序

按 Command+R 组合键后，用户界面在模拟器上显示如图 13-28 所示，显示的是程序中预先选定的一幅照片。

单击"浏览"按钮，将以每幅 5s 的速度循环显示每幅照片，如图 13-29 ～图 13-33 所示。单击"结束"按钮，浏览结束。

图 13-28

图 13-29

图 13-30

图 13-31

图 13-32

图 13-33

注：该项目全部图片均取自笔者居住小区的购房宣传资料，特此声明。

至此，"照片浏览器"项目全部设计完毕。

13.6 图片缩放的设计

设计步骤如下。

步骤 1：创建工程项目——图片缩放

创建过程类似图 11-21。项目名为"图片缩放"。

步骤 2：设计用户界面

用户界面在模拟器上显示如图 13-34 所示。

图 13-34

界面元素由一个 Image View 组件、一个 Switch 组件、一个 Slider 组件、一个用于显示图片大小比例的 Label 组件和一个标志界面标题的 Label 组件构成，如图 13-35 所示。

　　步骤 3：编写程序

　　在图 13-36 所示的项目文件浏览区双击 ViewController.swift 文件。

图 13-35

图 13-36

打开代码框架，编写如下代码：

```swift
import UIKit

class ViewController: UIViewController
{
    var imgWidth:CGFloat=0              //图片宽度
    var imgHeight:CGFloat=0             //图片高度

    //创建界面组件连接
    @IBOutlet var switchPhoto:UISwitch!    //创建 Switch 组件对象变量
    @IBOutlet var image:UIImageView!       //创建 Image 组件对象变量
    @IBOutlet var sliderPhoto:UISlider!    //创建 Slider 组件对象变量
    @IBOutlet var labelMsg:UILabel!        //创建显示图片大小的 Label 组件
                                           //对象变量

    //Slider 组件为 On 时才能改变图片的大小
    @IBAction func switchChange(sender:UISwitch)
    {
        if switchPhoto.isOn
        {
            sliderPhoto.isEnabled=true
        }
        else
        {
            sliderPhoto.isEnabled=false
        }
    }
```

```
// 拖动 Slider 组件改变图片大小
@IBAction func sliderChange(sender:UISlider)
{
    if switchPhoto.isOn
    {
        image.frame.size.width=imgWidth * CGFloat(sliderPhoto.value)
        image.frame.size.height=imgHeight * CGFloat(sliderPhoto.value)
        labelMsg.text=" 大小 :\(Int(sliderPhoto.value * 100))%"
    }
}


override func viewDidLoad()
{
    super.viewDidLoad()
    //Do any additional setup after loading the view
    imgWidth=image.frame.size.width        //获取图片原始宽度
    imgHeight=image.frame.size.height       //获取图片原始高度
    sliderPhoto.frame.size.width=280        //Slider 组件宽度
    sliderPhoto.minimumValue=0.3           //Slider 组件最小值
    sliderPhoto.value=1                    //Slider 组件初始值 :100%
}

}
```

代码分析：

用户单击 Switch 组件之后，若为 On 状态，则设置 Switch 组件起作用；若为 Off 状态，则设置 Switch 组件不起作用。用户拖动 Slider 组件可改变图片显示的大小，其大小等于图片原始大小乘以 Slider 组件的设置值。

步骤 4：完成插座和动作的关联，实现界面组件元素与程序代码的连接

用右键把 View Controller 按钮拖曳至图像视图组件上释放，在弹出的如图 13-37 所示的快捷菜单中选中图像视图组件的对象名 image。

用右键把 View Controller 按钮拖曳至 Switch 组件上释放，在弹出的如图 13-38 所示的快捷菜单中选中 Switch 组件的对象名 switchPhoto。

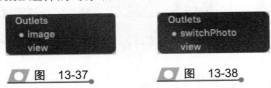

图 13-37   图 13-38

用右键把 View Controller 按钮拖曳至 Slider 组件上释放，在弹出的如图 13-39 所示的快捷菜单中选中 Slider 组件的对象名 sliderPhoto。

用右键把 View Controller 按钮拖曳至标签组件上释放，在弹出的如图 13-40 所示的快捷菜单中选中标签组件的对象名 labelMsg。

图 13-39

图 13-40

用右键分别把 Switch 组件和 Slider 组件拖曳至 View Controller 按钮，在弹出的如图 13-41 和图 14-42 所示的快捷菜单中分别选中相应的组件对应的方法名 switchChangeWithSender: 和 sliderChangeWithSender:。

完成插座和动作的关联之后，要及时按 Command+S 组合键进行保存。

最后右击 View Controller 按钮，在弹出的如图 13-43 所示的快捷菜单中可以查看到全部连接信息。

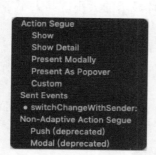

图 13-41

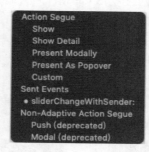

图 13-42

图 13-43

步骤 5：运行应用程序

按 Command+R 组合键后，用户界面在模拟器上显示如图 13-44 所示，显示的是程序中预先选定的一幅照片。由于 Switch 组件处于 On 状态，Slider 组件处于 1 状态，因此图片按照 100% 比例显示。

向左拖动 Slider 组件可改变图片显示的大小，如图 13-45 和图 13-46 所示。

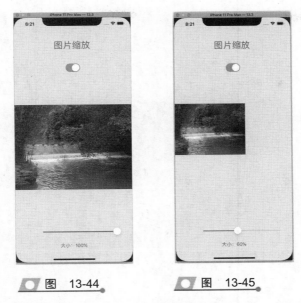

图 13-44   图 13-45

向右拖动 Slider 组件至最大位置，可恢复图片显示的大小，如图 13-47 所示。

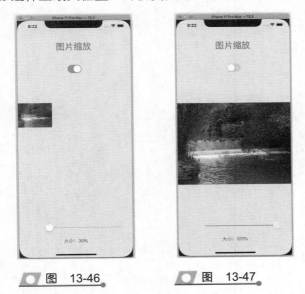

图 13-46   图 13-47

至此，"图片缩放"项目全部设计完毕。

第 14 章

多媒体的开发应用

14.1 多媒体开发概述

多媒体是多种媒体的统称，在这里主要是指音频和视频。iOS 是一款强大的娱乐型智能手机操作系统，其多媒体功能出色地继承了苹果的强项，能够提供众多的音频和视频播放功能。在这里，多媒体开发主要是指开发播放器，包括音频播放器和视频播放器。

视频是动态变化的图像，图像在内存中是如何存储的呢？

如前所述，存储一幅分辨率为 640×480、24 位真彩色图像约需 1MB 的存储空间。

视频既然是人眼看到的活动图像，就要考虑人眼的视觉特征。人眼看一幅静止的图像，在人脑的视觉中枢能够保留的时间是 0.02s，即 1/50s。这也就是说，人眼要看到图像是活动的，在 1s 内至少要传送 50 幅图像。当然，由于实际上采用了"隔行"或"逐行"扫描技术，至少也要 1s 传送 25 幅图像，这就是我国制定的 25Hz 的电视视频标准。由此可知，要传送高质量的 640×480 的视频，1s 需要的内存存储量约为 25MB。如果视频时长为 2min，则需要 25×2×60MB=3000MB。这是一个十分庞大的数字，需要压缩后才能投入使用。

音频也是一样，没有压缩的无损音乐格式是 WAV，需要很大的内存存储量，同样需要压缩。这就提出了一个媒体格式的问题。

iPhone 的内存存储量十分有限，因而所用的视频格式有 WMV、MP4、H.263 等；音频格式有 MP3、WMA、AAC 等。

一般把占有内存的存储量简称为大小，以在本章中介绍的一段 2min 的视频为例，采用的是 MP4 格式，640×480 的大小是 37.5MB。

14.2 组件简介

14.2.1 框架

一个框架（Framework）就是一个软件包，它包含许多类。Mac 操作系统提供了几十个框架，从而帮助软件人员快速地在 Mac 系统上开发应用程序。在这些框架中，有一些称为基础框架。基础框架就是为所有程序开发提供基础的框架，其中的类包括数字类（NSNumber）、字符串类（NSString）、数组类（NSArray）、字典类（NSDictionary）、集合类（NSSet）等。所有基础框架上的类都与用户界面无关，也不用来构建用户界面，这是基础框架和非基础框架的重大区别。

为了使用这些类，Swift 需要在程序中使用下述语句来导入基础框架的头文件：

```
import  UIKit
```

14.2.2 AVFoundation 框架

设计音频播放器和视频播放器都要使用 AVFoundation 框架，A 代表 Audio，表示音频，V 代表 Video，表示视频，Foundation 意为基础，所以 AVFoundation 框架即为音频和视频基础框架，是设计音频和视频播放器必不可少的应用框架，必须首先要将

AVFoundation 框架添加到项目工程中。添加方法跟前面类似，就不在此再做介绍。具体做法可以参考第 15 章的图 15-1 ～图 15-4。

14.2.3　AVAudioPlayer 类

项目中的音频文件是使用 AVAudioPlayer 类来播放的，AVAudioPlayer 类位于 AVFoundation 程序库（框架）中，因此必须先导入 AVFoundation 程序（框架）库。

由于音频文件位于项目中，所以获取项目中音频文件的方法是：

```
路径变量 = NSBundle.mainBundle().pathForResource（文件名, ofType：文件扩展名）
```

14.3　音频播放器的设计

设计步骤如下。

步骤 1：创建工程项目——音频播放器

创建过程类似图 11-21。项目名为"音频播放器"。

步骤 2：设计用户界面

首先添加 AVFoundation 框架。项目创建完成后，在如图 14-1 所示的项目文件浏览区中单击项目名，重新打开如图 14-2 所示的项目创建总窗口。在中间的 App 设定区域用鼠标左键将其下拉至最下端，单击"Linked Frameworks and Libraries"选项组的"+"按钮，打开追加框架窗口。

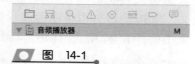

图　14-1

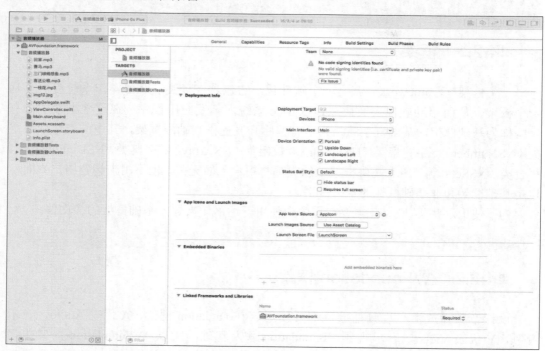

图　14-2

在如图 14-3 所示的追加框架窗口中选中 AVFoundation.framework，单击 Add 按钮将其添加进项目，如图 14-4 所示。

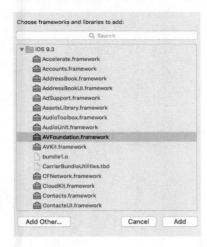

图 14-3

图 14-4

用户界面显示效果如图 14-5 所示。界面元素由一个图像组件和三个按钮组件组成，如图 14-6 所示。

步骤 3：编写程序

在编写代码之前，先要将用作界面背景的照片和一首 MP3 格式的乐曲用前面介绍过的类似方法添加进项目。

在图 14-7 所示的项目文件浏览区双击 ViewController.swift 文件。

图 14-5

图 14-6

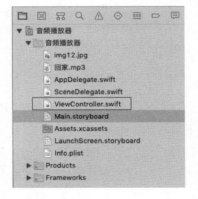

图 14-7

打开代码框架，编写如下代码：

```
import UIKit
import AVFoundation

class ViewController: UIViewController,AVAudioPlayerDelegate{
    var audioPlayer:AVAudioPlayer=AVAudioPlayer()

    override func viewDidLoad()
    {
        super.viewDidLoad()
        //Do any additional setup after loading the view.
        let path=Bundle.main.path(forResource: "回家", ofType: "mp3")
        let soundUrl=URL(fileURLWithPath: path!)

        do
        {
            try audioPlayer=AVAudioPlayer(contentsOf: soundUrl)
            audioPlayer.play()
        }
        catch
        {
            print(error)
        }
    }

    //播放音乐
    @IBAction func playClick(sender:AnyObject)
    {
        audioPlayer.play()
    }
    //暂停播放
    @IBAction func pauseClick(sender:AnyObject)
    {
        audioPlayer.pause()
    }
    //停止播放
    @IBAction func stopClick(sender:AnyObject)
    {
        audioPlayer.stop()
    }

}
```

代码分析:

首先实例化播放器控制对象变量 audioPlayer,其次从项目中获得导入的音频文件的路径,并将字符串格式的路径转换为 URL 类型。

由于 AVAudioPlayer 的操作会抛出异常，因此通过一个 do-catch 语句实现 audioPlayer 的初始化操作，并加载指定路径的音频文件。

然后通过调用 audioPlayer 对象的 play() 方法开始播放音频文件。

最后用三个方法来实现对音频播放的控制。

步骤 4：完成插座和动作的关联，实现界面组件元素与程序代码的连接

用右键把"播放"按钮组件拖曳至 View Controller 按钮，在弹出的如图 14-8 所示的快捷菜单中选中组件对应的方法名 playClickWithSender:。

用右键把"暂停"按钮组件拖曳至 View Controller 按钮，在弹出的如图 14-9 所示的快捷菜单中选中组件对应的方法名 pauseClickWithSender:。

用右键把"停止"按钮组件拖曳至 View Controller 按钮，在弹出的如图 14-10 所示的快捷菜单中选中组件对应的方法名 stopClickWithSender:。

图 14-8

图 14-9

图 14-10

右击 View Controller 按钮，在弹出的如图 14-11 所示的快捷菜单中可以查看到全部连接信息。

步骤 5：运行应用程序

按 Command+R 组合键后，用户界面在模拟器上显示如图 14-12 所示。

图 14-11

图 14-12

运行后开始播放"回家"音乐，可以以用三个按钮实现对音频播放的实时控制。
至此，"音频播放器"项目全部设计完毕。

14.4 视频播放器的设计

设计步骤如下。
步骤 1：创建工程项目——视频播放器
创建过程类似图 11-21。项目名为"视频播放器"。
步骤 2：设计用户界面
添加 AVFoundation 框架的方法同音频播放器的，这里从略。
用户界面在模拟器上显示如图 14-13 所示。
界面元素由两个按钮组件和一个表示项目名称的标签组件组成，
界面非常简洁，如图 14-14 所示。
步骤 3：编写程序
在这之前，先要将视频源"眼镜蛇的崛起 .mp4"用前面介绍过
的类似方法添加进项目。
在图 14-15 所示的项目文件浏览区双击 ViewController.swift 文件。

图 14-13

图 14-14

图 14-15

打开代码框架，编写如下代码：

```swift
import UIKit
import AVFoundation

class ViewController: UIViewController
{
    var player:AVPlayer?=nil
    override func viewDidLoad()
    {
        super.viewDidLoad()
        //Do any additional setup after loading the view
        let moviePath=Bundle.main.path(forResource: "眼镜蛇的崛起", ofType:
"mp4")
```

```
        let movieURL=URL(fileURLWithPath: moviePath!)        //设置播放视频源

        player=AVPlayer(url:movieURL as URL)                 //创建视频对象
        let playerLayer=AVPlayerLayer(player:player)         //创建视频图层
        playerLayer.frame=self.view.bounds                   //设置播放区域大小
        playerLayer.videoGravity=AVLayerVideoGravity.resizeAspect
        self.view.layer.addSublayer(playerLayer)
    }
    //播放视频
    @IBAction func playMovie(sender:AnyObject)
    {
        player?.play()
    }
    //暂停视频播放
    @IBAction func pauseMovie(sender:AnyObject)
    {
        player?.pause()
    }
}
```

代码分析:

具体的分析见注释。

步骤4：完成插座和动作的关联，实现界面组件元素与程序代码的连接

用右键把"播放"按钮组件拖曳至 View Controller 按钮，在弹出的如图 14-16 所示的快捷菜单中选中组件对应的方法名 playMovieWithSender:。

用右键把"暂停"按钮组件拖曳至 View Controller 按钮，在弹出的如图 14-17 所示的快捷菜单中选中组件对应的方法名 pauseMovieWithSender:。

右击 View Controller 按钮，在弹出的如图 14-18 所示的快捷菜单中可以查看到全部连接信息。

图 14-16

图 14-17

图 14-18

步骤 5：运行应用程序

按 Command+R 组合键后，用户界面在模拟器上显示如图 14-19 所示。

单击"播放"按钮，用户界面在模拟器上显示如图 14-20 所示。开始播放视频源提供的影片。

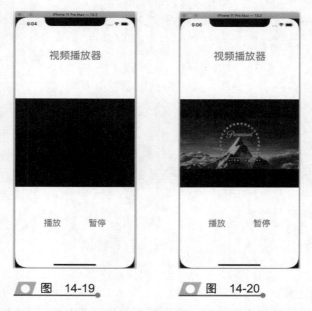

图 14-19　　　　　　图 14-20

单击"暂停"按钮，用户界面在模拟器上显示如图 14-21 所示。

再单击"播放"按钮，用户界面在模拟器上显示如图 14-22 所示。可以继续播放视频源提供的影片。

图 14-21　　　　　　图 14-22

至此，"视频播放器"项目全部设计完毕。

第 15 章

地图查看器

15.1　MapKit 框架

iPhone SDK 提供了比位置类更方便的工具来完成所有位置和地图相关的操作，这就是地图工具框架，也即 MapKit 框架。

MapKit 框架主要提供四个功能：显示地图、CLLocation 和地址之间的转换、支持在地图上做标记（如江南名楼滕王阁景区）、把一个位置解析成地址（如想要知道滕王阁确切的地址信息）。MapKit 框架下的主要类有 MKMapView、MKPlacemark、MKUserLocation 和 MKReverseGeocoder。

15.2　组件简介

15.2.1　地图视图组件

地图视图（MKMapView）组件主要完成下述功能：

❑ 显示地图，例如显示南昌市的地图；
❑ 提供多种显示方式，例如标准地图方式、卫星地图方式等；
❑ 支持地图的放大和缩小；
❑ 支持在地图上做标记，例如标记滕王阁的位置。
❑ 在地图上显示手机所在的当前位置。

MKMapView 类的常用属性和方法如表 15-1 所示。

表　15-1

方法和属性	说明
mapType 属性	地图的模式，Standard（默认）为通用地图，Satellite 为卫星模式，Hybrid 为混合模式
region 属性	地图的显示区域
showUserLocation 属性	设置是否显示定位图标，true 为显示定位图标，默认为 false，表示不显示定位图标
zoomEnabled 属性	设置是否允许缩放，默认为允许。在仿真器中可按住 option 键后，单击地图进行缩放
userLocation 属性	用户的位置
annotation 属性	地图的坐标
setRegion() 方法	设置地图的显示区域、中心点和缩放比例
addAnnotation() 方法	加上地图上的坐标

15.2.2　导航栏组件

当一个应用程序中包含很多界面时，就需要使用导航栏组件（NavigationController）

和标签栏组件（TabBarController）来管理这些界面，方便用户切换。

在 iPhone 中，经常会用到导航栏组件，其功能是提供一种简单的途经，可以让用户在多个数据视图中导航切换，以及回到起点。

15.2.3　标签栏组件

标签栏组件实现的功能也是让用户在不同视图之间进行切换。

15.2.4　工具栏组件

工具栏组件（ToolBar）是比较简单的 UI 元素之一，是一个实心条栏，一般位于屏幕的顶部或底部。

15.3　地图查看器的设计

设计步骤如下。

步骤 1：创建项目——地图查看器

创建过程如图 15-1 所示。

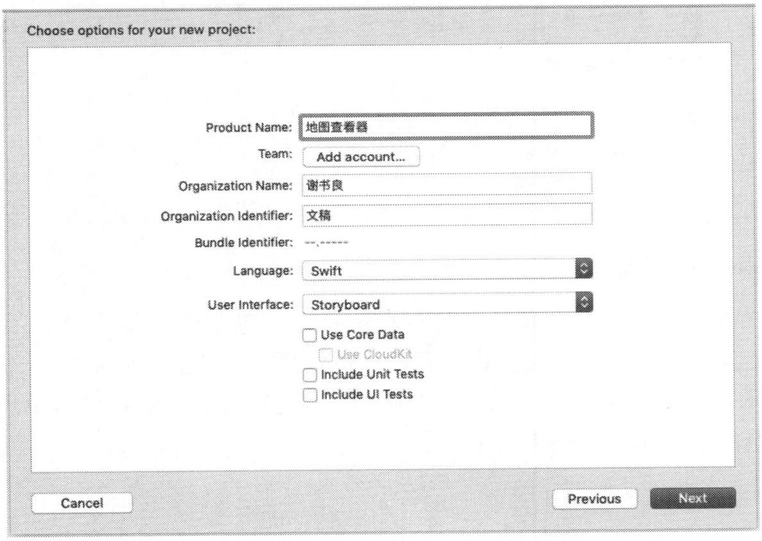

Choose options for your new project:

Product Name: 地图查看器
Team: Add account...
Organization Name: 谢书良
Organization Identifier: 文稿
Bundle Identifier: --.-----
Language: Swift
User Interface: Storyboard

☐ Use Core Data
　☐ Use CloudKit
☐ Include Unit Tests
☐ Include UI Tests

Cancel　　　　　　　　　　　　　　Previous　　Next

图　15-1

步骤 2：设计用户界面

首先添加布尔类型键。在图 15-2 所示的项目文件浏览区双击打开 Info.plist 文件，在此文件中添加一个布尔类型的键 NSLocationAlwaysUsageDescription，其值设置为 YES，如图 15-3 所示。

图 15-2

Key	Type	Value
▼ Information Property List	Dictionary	(15 items)
NSLocationAlwaysUsageDescription	Boolean	YES
Localization native development re...	String	en
Executable file	String	$(EXECUTABLE_NAME)
Bundle identifier	String	$(PRODUCT_BUNDLE_IDENTIFIER)
InfoDictionary version	String	6.0
Bundle name	String	$(PRODUCT_NAME)
Bundle OS Type code	String	APPL
Bundle versions string, short	String	1.0
Bundle creator OS Type code	String	????
Bundle version	String	1
Application requires iPhone enviro...	Boolean	YES
Launch screen interface file base...	String	LaunchScreen
Main storyboard file base name	String	Main
▶ Required device capabilities	Array	(1 item)
▶ Supported interface orientations	Array	(3 items)

图 15-3

其次添加 MapKit 框架。单击图 15-4 所示的 "地图查看器" 项目目标,打开如图 15-5 所示的项目目标窗口,拖曳至下方,单击图 15-6 左下方的 "+" 按钮,在打开的如图 15-7 所示的添加 Frameworks 窗口中选中 MapKit.framework,再单击 Add 按钮,将其添加进项目中,如图 15-8 所示。

图 15-4

然后设计用户界面。在图 15-2 的项目文件浏览区中打开 Main.storyboard 文件,调整好画布大小,从组件箱中将 Map Kit View 组件拖到画布适当处。

从组件箱中拖动一个 Button 按钮组件到画布中,将其标题改为 "更多"。

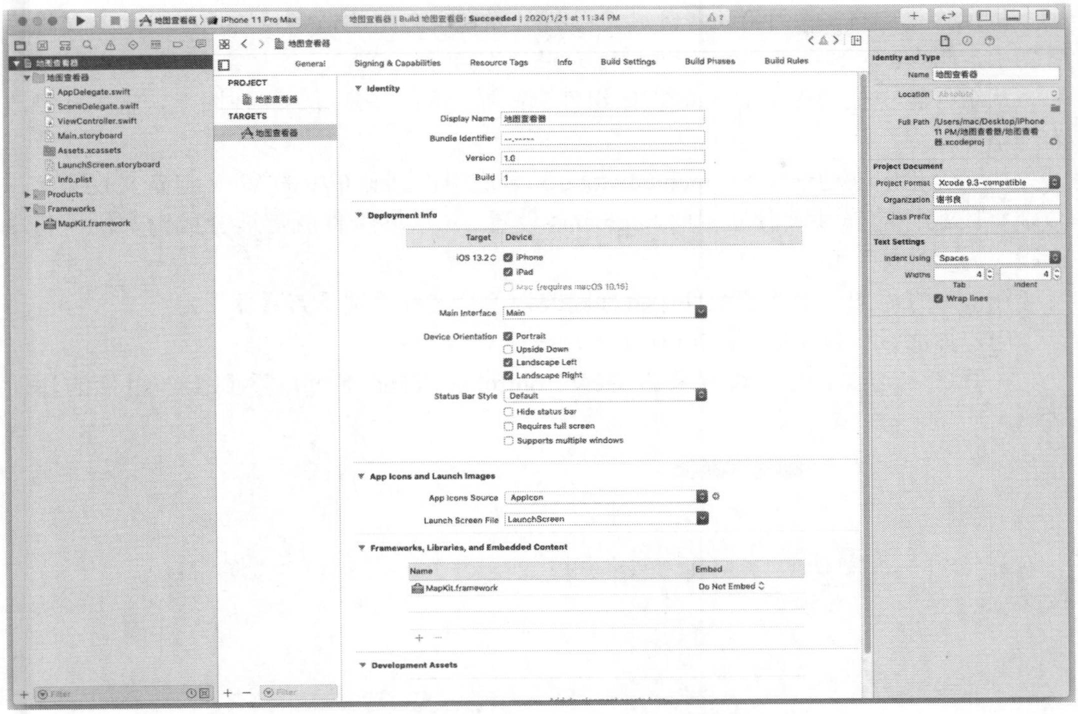

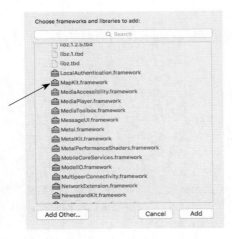

图 15-5

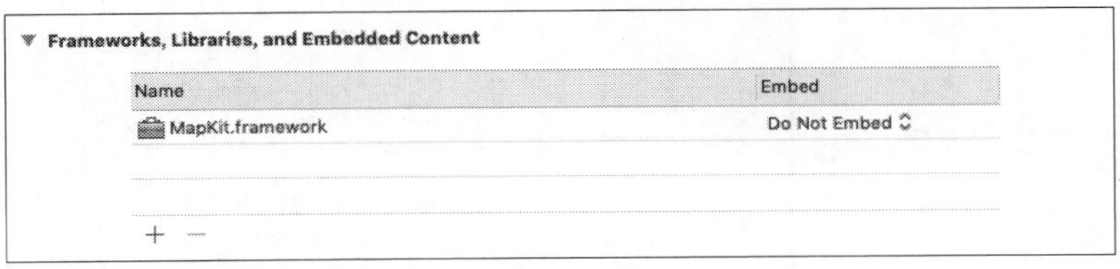

图 15-6

图 15-7

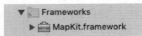

图 15-8

从组件箱中拖动一个 View 自定义视图组件到画布中的适当位置，在右边的属性查看器中，将 View 下的 Background 设置为深灰色。

从组件箱中拖动一个 Button 按钮组件到画布中的 View 自定义视图上，将其标题改为"指定城市"。

从组件箱中拖动一个 Segmented Control 分段组件到画布中的 View 自定义视图上，分别将段组件的属性查看器中的 Segments 设置 2，这样组件就都被分成为两段，将段标题改为"桂林"和"南昌"。

在最上方添加一个标签组件，将标题改为项目名称"地图查看器"。

用户界面设计效果如图 15-9 所示。

在画布左边如图 15-10 所示的 View Controller Scene 下可以看到全部组件的注册名单。

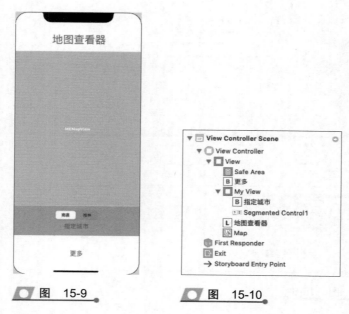

图 15-9   图 15-10

步骤 3：编写代码

在图 15-2 所示的项目文件浏览区双击 ViewController.swift 文件，在代码框架中编写如下代码：

```swift
import UIKit
import MapKit                                    //在使用类中引入 MapKit

class ViewController: UIViewController
{

    @IBOutlet weak var map:MKMapView!            //创建 MapView 地图类操作对象 map
    @IBOutlet weak var myView:UIView!            //创建自定义视图类操作对象 myView
    //创建分段组件类操作对象 segmentedControl1
    @IBOutlet weak var segmentedControl1:UISegmentedControl!
```

```
    //创建分段组件类操作对象 segmentedControl2
    @IBOutlet weak var segmentedControl2:UISegmentedContro2!
    let locationManager=CLLocationManager()      //定义位置管理类对象

    override func viewDidLoad()                   //装载地址管理方法

    {
        super.viewDidLoad()

        //Do any additional setup after loading the view

        locationManager.requestAlwaysAuthorization()
                                        //总是要求批准装载地址管理
        myView.isHidden=true              //隐藏自定义组件
    }

    @IBAction func getCurrentLocation(sender:AnyObject)
    {
        map.showsUserLocation=true          //获取用户当前位置
    }

    @IBAction func more(sender:AnyObject)    //显示更多选项
    {
        myView.isHidden=false               //显示自定义组件
        segmentedControl1.isHidden=true
                            //隐藏分组组件 segmentedControl1（选定城市）

    }

    @IBAction func specifyCity(seder:AnyObject)    //指定城市
    {
        segmentedControl1.isHidden=false
                            //显示分组组件 segmentedControl1（选定城市）
        segmentedControl2.isHidden=true
                            //隐藏分组组件 segmentedControl2（地图模式）

    }

    @IBAction func selectCity(sender:AnyObject)    //选择城市
    {
        let index=segmentedControl1.selectedSegmentIndex
                                        //定义索引常量
        if(index==0)         //如果索引常量值为 0，则开始按经纬度选择显示南昌
    {
            let coor:CLLocationCoordinate2D=CLLocationCoordinate2DMake
(28.673809,115.904539)
```

```
                   let reg=MKCoordinateRegion(center: coor,latitudinalMeters:
10000,longitudinalMeters: 10000)
              map.region=reg
              let address=[" 中国 ":" 南昌 "]
              let myAnnotation=MKPlacemark(coordinate: coor,
addressDictionary: address)
              map.addAnnotation(myAnnotation)
              map.setCenter(coor,animated: true)
          }
          if(index==1)                //如果索引常量值为 1，则后来按经纬度选择显示桂林
      {
              let coor:CLLocationCoordinate2D=CLLocationCoordinate2DMake
(25.230096,110.276640)
              let reg=MKCoordinateRegion(center: coor,latitudinalMeters:
10000,longitudinalMeters: 10000)
              map.region=reg
              let address=[" 中国 ":" 桂林 "]
              let myAnnotation=MKPlacemark(coordinate: coor,
addressDictionary: address)
              map.addAnnotation(myAnnotation)
              map.setCenter(coor,animated: true)
          }
      }

  }
```

代码分析：

具体分析见注释。

步骤 4：完成插座和动作的关联，实现界面组件元素与程序代码的连接

用右键把 View Controller 按钮拖曳至地图组件 Map Kit View 上释放，在弹出的如图 15-11 所示的快捷菜单中选中地图组件的对象 map。

用右键把 View Controller 按钮拖曳至自定义组件 View 上释放，在弹出的如图 15-12 所示的快捷菜单中选中自定义组件的对象 myView。

图 15-11   图 15-12

用右键把"更多"按钮组件拖曳至 View Controller 上释放，在弹出的如图 15-13 所示的快捷菜单中选中组件对应的方法名 moreWithSender:。

用右键把"指定城市"按钮组件拖曳至 View Controller 上释放，在弹出的如图 15-14 所示的快捷菜单中选中组件对应的方法名 specityCityWithSender:。

图 15-13   图 15-14

用右键把"选择城市"按钮组件拖曳至 View Controller 上释放，在弹出的如图 15-15 所示的快捷菜单中选中组件对应的方法名 selectCityWithSender:。

用右键把 View Controller 按钮拖曳至"分段控制"组件 1 上释放，在弹出的如图 15-16 所示的快捷菜单中选中组件对应的方法名 segmentedControl1。

右击 View Controller 按钮，在弹出的如图 15-17 所示的快捷菜单中可以查看到全部连接信息。

图 15-15   图 15-16   图 15-17

如何获取显示目标的经度和纬度呢？

这里以"滕王阁"为显示目标，为了确定其具体位置，需要知道它的经度和纬度。访问百度地图。网址 map.baidu.com，如图 15-18 所示，然后单击地图下方的"地图开放平台"，在百度地图开放平台网页最上方的"开发文档"选项卡（见图 15-19）中单击"坐标拾取器"，在拾取坐标系统网页的搜索栏中输入"滕王阁"（见图 15-20），通过搜索找到"滕王阁"，最后用鼠标指针指向显示目标的位置，就可以精确显示目标的经度和纬度（见图 15-21）。

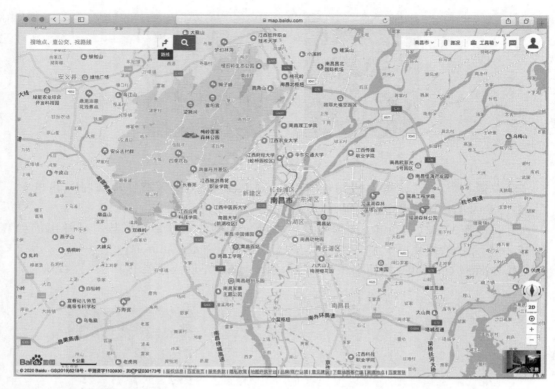

图 15-18

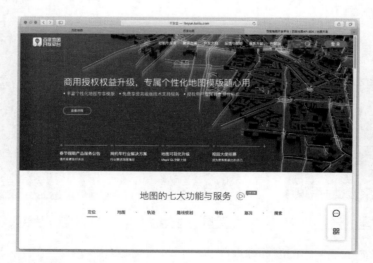

图 15-19

图 15-20

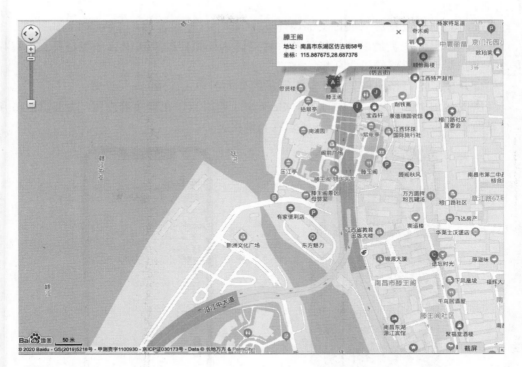

图 15-21

步骤 5：运行应用程序

按 Command+R 组合键后，用户界面在模拟器上显示一幅中国地图。

单击"更多"按钮，显示自定义视图组件上的指定城市按钮。

单击"更多"按钮后单击"选择城市"按钮，再单击分段控制组件 1 上的"南昌"，显示南昌的标准地图，如图 15-22 所示。

再单击分段控制组件 1 上的"桂林"，显示桂林的标准地图，如图 15-23 所示。

图 15-22

图 15-23

至此，"地图查看器"项目全部设计完毕。

开始地图上的文字是以英文显示的，这是因为模拟器的默认语言环境是英文，可以按如下步骤修改模拟器的语言环境。

先打开模拟器，待出现如图 15-24 所示的界面时单击 Settings（设置）。

当出现如图 15-25 所示界面时单击 General（通用）。在紧接着出现的如图 15-26 所示的界面中单击 Language & Region（语言与地区）。

图 15-24

图 15-25

在紧接着出现的如图 15-27 所示的界面中可以看到 iPhone Language（iPhone 语言）是英语。

图 15-26

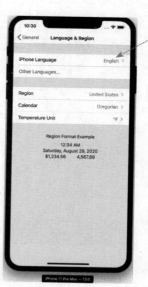

图 15-27

单击右边的箭头，在图 15-28 所示的 iPhone 语言列表中选择"简体中文"。

在弹出的如图 15-29 所示的"确认"窗口中单击 Change to Chinese,Simplified 确认更改系统的语言环境。

图 15-28

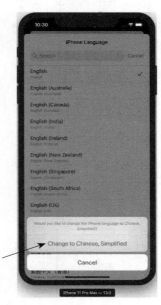

图 15-29

紧接着出现如图 15-30 所示的界面，告知"正在设置语言"。

在图 15-31 中单击"编辑"按钮，在紧接着出现的如图 15-32 所示的界面中单击"完成"按钮即可完成设置。

图 15-30

图 15-31

更改语言环境工作完成之后，可以看到模拟器的文字已经全部变成"简体中文"（见图 15-33），地图上的文字也已全部改为"简体中文"。

图 15-32

图 15-33

Swift 开发技术标准教程

第 16 章

综合案例——桂赣风光浏览

因为"桂赣风光浏览"项目是以"照片浏览器""视频播放器""地图查看器"三个项目为基础而设计的一个综合项目，所以设计过程要复杂一些。

16.1 创建项目——桂赣风光浏览

项目创建过程如图 16-1 所示。

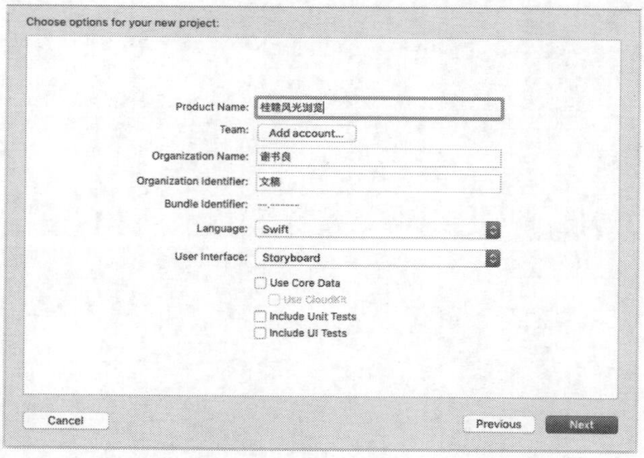

图 16-1

接下来分步骤介绍设计过程。

步骤 1：完成准备工作

在图 16-2 所示的项目文件浏览区双击打开 Info.plist 文件，在此文件中添加一个布尔类型的键 NSLocationAlwaysUsage Description，其值设置为 YES，如图 16-3 所示。

步骤 2： 添加 AVFoundation 框架和 MapKit.framework 框架

此处过程略。

步骤 3： 添加自定义的 NewViewController 和 DifferenceViewController 类

（1）右击项目名称，在弹出的快捷菜单中单击 New File 项。

（2）在图 16-4 中单击 iOS 项 Source 下的 Cocoa Touch Class 图标。

（3）在如图 16-5 所示的 Choose options for your new file 对话框中的 Class 栏中填写自定义 NewViewController（新的视图控制类），在 Subclass of 栏中用右侧下拉箭头选择基类 UIViewController，在 Language 栏中用右侧下拉箭头选择语言 Swift，单击 Next 按钮，将 NewViewController 自定义类添加进项目。

图 16-2

Key		Type	Value
▼ Information Property List	⊕	Dictionary	(15 items)
NSLocationAlwaysUsageDescription		Boolean	YES
Localization native development re...		String	en
Executable file		String	$(EXECUTABLE_NAME)
Bundle identifier		String	$(PRODUCT_BUNDLE_IDENTIFIER)
InfoDictionary version		String	6.0
Bundle name		String	$(PRODUCT_NAME)
Bundle OS Type code		String	APPL
Bundle versions string, short		String	1.0
Bundle creator OS Type code		String	????
Bundle version		String	1
Application requires iPhone enviro...		Boolean	YES
Launch screen interface file base...		String	LaunchScreen
Main storyboard file base name		String	Main
▶ Required device capabilities		Array	(1 item)
▶ Supported interface orientations		Array	(3 items)

◢◤ 图 16-3

◢◤ 图 16-4

Choose options for your new file:

Class: NewViewController
Subclass of: UIViewController
☐ Also create XIB file
Language: Swift

Cancel   Previous   Next

◢◤ 图 16-5

（4）重复第（1）步～第（3）步，在如图 16-6 所示的 Choose options for your new file 对话框中的 Class 栏中填写自定义 DifferenceViewController（不同的视图控制类），在 Subclass of 栏中用右侧下拉箭头选择基类 UIViewController，在 Language 栏中用右侧下拉箭头选择语言 Swift，单击 Next 按钮，将 DifferenceViewController 自定义类添加进项目。

Choose options for your new file:

Class:	DifferenceViewController
Subclass of:	UIViewController
	☐ Also create XIB file
Language:	Swift

Cancel   Previous   Next

图 16-6

在项目文件浏览区可以看到增加了如图 16-7 所示的两个相应文件。

DifferenceViewController.swift
NewViewController.swift

图 16-7

（5）添加项目所需要的文件，如桂林风光 .mp4、灯光秀 .mp4、img00.jpg、img01.jpg、img02.jpg、img03.jpg、img04.jpg、img05.jpg、img06.jpg、img07.jpg、img08.jpg、img09.jpg、img10.jpg、img11.jpg、img12.jpg、img13.jpg、img14.jpg、img15.jpg、img16.jpg、img17.jpg、img18.jpg、img19.jpg、img20.jpg、img21.jpg、img22.jpg、img23.jpg，共两个视频文件和 24 个图像文件。

注：本项目所选用的视频资料、图片均来自笔者旅游地的宣传资料，特此声明。

16.2　设计界面

项目总界面是由三个分界面组成的，如图 16-8 所示。主界面是"风光浏览"，两个子界面分别是"桂林风光浏览"和"南昌夜景欣赏"。

下面分别设计这三个界面，首先设计"风光浏览"主界面。

如图 16-9 所示，与"地图查看器"的界面相似，这里只是在自定义视图组件上增加了"桂林风光"和"南昌夜景"两个按钮。

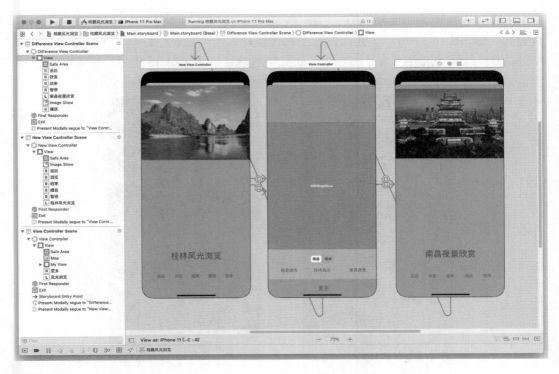

图 16-8

全部组件的注册表如图 16-10 所示。自定义视图组件中的组件注册表末打开，单击向右的箭头即可将其全部打开，如图 16-11 所示。

图 16-9

图 16-10

图 16-11

从组件箱中分别拖动两个新的 View Controller 按钮到同一画布中，其组件设置分别如图 16-12 和图 16-13 所示。其均由一个图像组件、五个按钮组件和一个用于说明视图控制器名称的标签组件组成，组件注册分别如图 16-14 和图 16-15 所示。

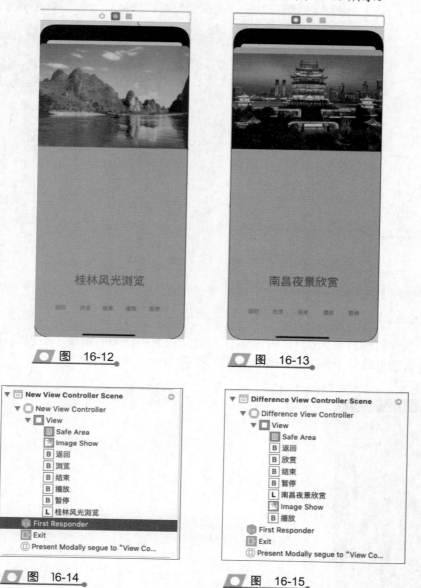

图 16-12   图 16-13

图 16-14   图 16-15

界面全部设计完成后，组件注册表如图 16-16 和图 16-17 所示。

从图 16-18 可以看到，两个子界面和主界面之间出现了连接线，这表明它们之间存在连接关系。其制作方法是：将主界面的"桂林风光"及"南昌夜景"按钮分别用右键拖曳到相关子界面，再分别从两个子界面的"返回"按钮出发，用右键拖曳到主界面上。制作成功后，在各自的组件注册表的最下方均有显示。关于这一点，可以从图 16-19 ～图 16-30 看出。

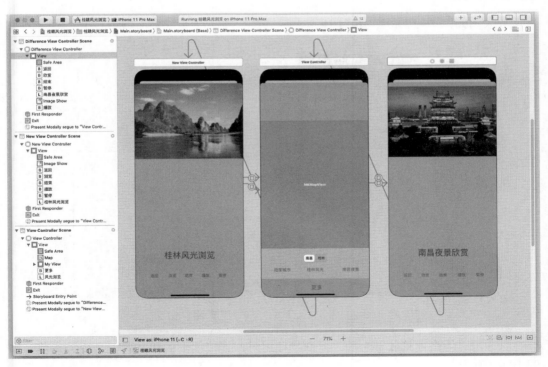

图 16-16　　　　　　　　**图 16-17**

图 16-18

当单击"桂林风光浏览"的"返回"按钮时，连接线上的相关标记会变成蓝色，如图 16-19 所示。

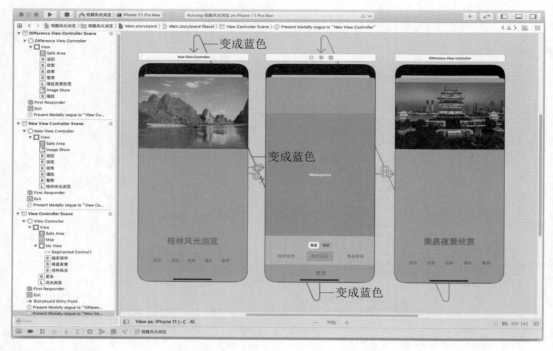

图 16-19

放大图如图 16-20 和图 16-21 所示。

图 16-20

图 16-21

当单击"南昌夜景欣赏"的"返回"按钮时，连接线上的相关标记会变成蓝色，如图 16-22 所示。

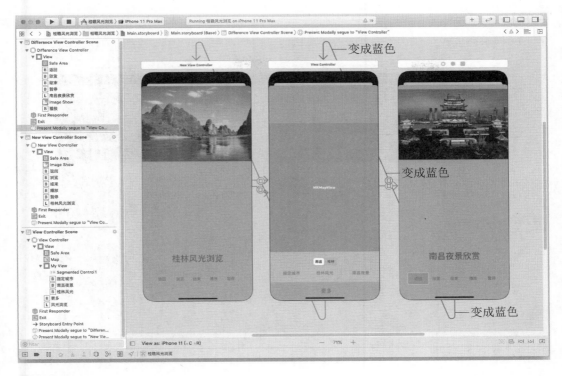

图 16-22

放大图如图 16-23 和图 16-24 所示。

图 16-23　　　　　图 16-24

当单击"风景浏览"的"桂林风光"按钮时，连接线上的相关标记会变成蓝色，如图 16-25 所示。

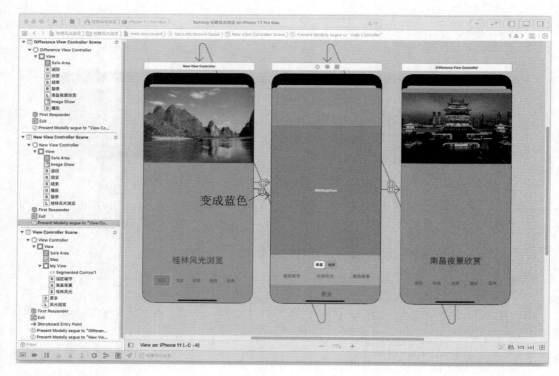

图 16-25

放大图如图 16-26 和图 16-27 所示。

图 16-26   图 16-27

当单击"风光浏览"的"南昌夜景"按钮时，连接线上的相关标记会变成蓝色，如图 16-28 所示。

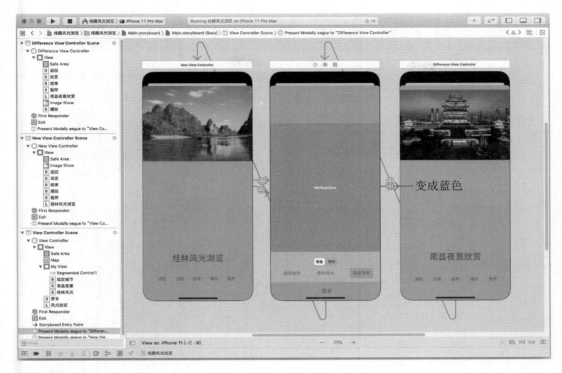

变成蓝色

图 16-28

放大图如图 16-29 和图 16-30 所示。

图 16-29

图 16-30

在图 16-2 的项目文件浏览区双击 ViewController.swift 文件，在代码框架中填写如下代码：

```swift
import UIKit
import MapKit

class ViewController: UIViewController
{
    @IBOutlet weak var map:MKMapView!
    @IBOutlet weak var myView:UIView!
    @IBOutlet weak var segmentedControl1:UISegmentedControl!
let locationManager=CLLocationManager()
    override func viewDidLoad()
    {
        super.viewDidLoad()
        //Do any additional setup after loading the view
        locationManager.requestAlwaysAuthorization()
        myView.isHidden=true
    }

    @IBAction func getCurrentLocation(sender:AnyObject)
    {
        map.showsUserLocation=true
    }

    @IBAction func more(sender:AnyObject)
    {
        myView.isHidden=false
        segmentedControl1.isHidden=true

    }

    @IBAction func changeMapMode(sender:AnyObject)
    {
        segmentedControl1.isHidden=true
    }

    @IBAction func specifyCity(seder:AnyObject)
    {
        segmentedControl1.isHidden=false
    }
```

```
    @IBAction func selectCity(sender:AnyObject)
    {
         let index=segmentedControl1.selectedSegmentIndex
         if(index==0)
         {
         let coor:CLLocationCoordinate2D=CLLocationCoordinate2DMake
(28.673809,115.904539)
         let reg=MKCoordinateRegion(center: coor,latitudinalMeters:
10000,longitudinalMeters: 10000)
         map.region=reg
         let address=[" 中国 ":" 南昌 "]
         let myAnnotation=MKPlacemark(coordinate: coor,
addressDictionary: address)
         map.addAnnotation(myAnnotation)
         map.setCenter(coor,animated: true)
         }
         if(index==1)
         {
         let coor:CLLocationCoordinate2D=CLLocationCoordinate2DMake
(25.230096,110.276640)
         let reg=MKCoordinateRegion(center: coor,latitudinalMeters:
10000,longitudinalMeters: 10000)
         map.region=reg
         let address=[" 中国 ":" 桂林 "]
         let myAnnotation=MKPlacemark(coordinate: coor,
addressDictionary: address)
         map.addAnnotation(myAnnotation)
         map.setCenter(coor,animated: true)
         }
    }

}
```

在图 16-2 的项目文件浏览区双击 NewViewController.swift 文件，在代码框架中填写如下代码：

```
import UIKit
import AVFoundation

class NewViewController: UIViewController {

    var arrayName=["img00.jpg","img01.jpg","img02.jpg","img03.jpg",
"img04.jpg","img05.jpg","img06.jpg","img07.jpg","img08.jpg","img09.jpg",
"img10.jpg","img11.jpg"]
```

```swift
    var arrayImage:Array<UIImage>=[]
    var count:Int=0

    @IBOutlet weak var imageShow:UIImageView!

    @IBAction func startClick(sender:UIButton)
    {
        imageShow.startAnimating()
    }

    @IBAction func endClick(sender:UIButton)
    {
        imageShow.stopAnimating()
    }

    override func viewDidLoad()
    {
        super.viewDidLoad()

        imageShow.image=UIImage(named:"img00.jpg")
        count=arrayName.count
        for i in 0..<count
        {
            arrayImage.append(UIImage(named:arrayName[i])!)
        }
        imageShow.animationImages=arrayImage
        imageShow.animationDuration=TimeInterval(count * 5)

        let moviePath=Bundle.main.path(forResource: "桂林风光", ofType:
"mp4")

        let movieURL=URL(fileURLWithPath: moviePath!)

        player=AVPlayer(url:movieURL as URL)
        let playerLayer=AVPlayerLayer(player:player)
        playerLayer.frame=self.view.bounds
        playerLayer.videoGravity=AVLayerVideoGravity.resizeAspect
        self.view.layer.addSublayer(playerLayer)
    }
    var player:AVPlayer?=nil

    @IBAction func playMovie(sender:AnyObject)
    {
        player?.play()
    }
```

```
    @IBAction func pauseMovie(sender:AnyObject)
    {
        player?.pause()
    }

}
```

在图 16-2 的项目文件浏览区双击 DifferenceViewController.swift 文件，在代码框架中填写如下代码：

```
import UIKit
import AVFoundation

class DifferenceViewController: UIViewController {

    var arrayName=["img13.jpg","img14.jpg","img15.jpg","img16.jpg",
"img17.jpg","img18.jpg","img19.jpg","img20.jpg","img21.jpg","img22.jpg",
"img23.jpg"]
    var arrayImage:Array<UIImage>=[]
    var count:Int=0

    @IBOutlet weak var imageShow:UIImageView!


    @IBAction func startClick(sender:UIButton)
    {
        imageShow.startAnimating()
    }

    @IBAction func endClick(sender:UIButton)
    {
        imageShow.stopAnimating()
    }

    override func viewDidLoad()
    {
        super.viewDidLoad()

        imageShow.image=UIImage(named:"img23.jpg")
        count=arrayName.count
        for i in 0..<count
        {
            arrayImage.append(UIImage(named:arrayName[i])!)
        }
        imageShow.animationImages=arrayImage
```

```
        imageShow.animationDuration=TimeInterval(count * 5)


    let moviePath=Bundle.main.path(forResource: "灯光秀", ofType: "mp4")
    let movieURL=URL(fileURLWithPath: moviePath!)

    player=AVPlayer(url:movieURL as URL)
    let playerLayer=AVPlayerLayer(player:player)
    playerLayer.frame=self.view.bounds
    playerLayer.videoGravity=AVLayerVideoGravity.resizeAspect
    self.view.layer.addSublayer(playerLayer)
    }


    var player:AVPlayer?=nil

    @IBAction func playMovie(sender:AnyObject)
    {
        player?.play()
    }


    @IBAction func pauseMovie(sender:AnyObject)
    {
        player?.pause()
    }


}
```

代码分析与"地图查看器""照片浏览器""视频播放器"项目基本相同，所不同的是视频播放区域的设置。由于在"桂林风光浏览"和"南昌夜景欣赏"两个 View Controller 上要同时显示照片和视频，视频显示区域仍在模拟器的中部。我们设计的是在模拟器的上方显示浏览用的照片，在模拟器的中部显示视频，所以把标明项目标题的静态标签放在模拟器的下部显示。

16.4　建立关联

本节介绍建立关联，即完成插座和动作的关联，实现界面组件元与程序代码的连接。

16.4.1　在"风光浏览"View Controller 上的设置

用右键把 View Controller 按钮拖曳至地图组件 Map Kit View 上释放，在弹出的如图 16-31 所示的快捷菜单中选中地图组件的对象 map。

用右键把 View Controller 按钮拖曳至自定义组件 View 上释放，在弹出的如图 16-32

所示的快捷菜单中选中自定义组件的对象 myView。

图 16-31　　　　　图 16-32

用右键把"更多"按钮组件拖曳至 View Controller 按钮上释放，在弹出的如图 16-33 所示的快捷菜单中选中组件对应的方法名 moreWithSender:。

用右键把"指定城市"按钮组件拖曳至 View Controller 按钮，在弹出的如图 16-34 所示的快捷菜单中选中组件对应的方法名 specityCityWithSender:。

图 16-33　　　　　图 16-34

用右键把"选择城市"按钮组件拖曳至 View Controller 按钮，在弹出的如图 16-35 所示的快捷菜单中选中组件对应的方法名 selectCityWithSender:。

用右键把"分段控制"组件 1 拖曳至 View Controller 按钮，在弹出的如图 16-36 所示的快捷菜单中选中组件对应的方法名 segmentedControl1。

图 16-35　　　　　图 16-36

右击 View Controller 按钮，在弹出的如图 16-37 所示的快捷菜单中可以查看到全部连接信息。

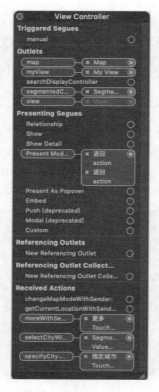

图 16-37

16.4.2 在"桂林风光浏览" View Controller 上的设置

用右键把 View Controller 按钮拖曳至图像视图组件上释放，在弹出的如图 16-38 所示的快捷菜单中选中图像视图组件的对象名 imageShow。

用右键把"浏览"按钮组件拖曳至 View Controller 按钮，在弹出的如图 16-39 所示的快捷菜单中选中组件对应的方法名 startClick:。

用右键把"结束"按钮组件拖曳至 View Controller 按钮，在弹出的如图 16-40 所示的快捷菜单中选中组件对应的方法名 endClick:。

图 16-38

图 16-39

图 16-40

用右键把"播放"按钮组件拖曳至 View Controller 按钮，在弹出的如图 16-41 所示的快捷菜单中选中组件对应的方法名 playMovie:。

用右键把"暂停"按钮组件拖曳至 View Controller 按钮，在弹出的如图 16-42 所示的快捷菜单中选中组件对应的方法名 pauseMovie:。

右击 View Controller 按钮，在弹出的如图 16-43 所示的快捷菜单中可以查看到全部连接信息。

图 16-41

图 16-42

图 16-43

16.4.3 在"南昌夜景欣赏"View Controller 上的设置

用右键把 View Controller 按钮拖曳至图像视图组件上释放，在弹出的如图 16-44 所示的快捷菜单中选中图像视图组件的对象名 imageShow。

用右键把"浏览"按钮组件拖曳至 View Controller 按钮，在弹出的如图 16-45 所示的快捷菜单中选中组件对应的方法名 startClick:。

用右键把"结束"按钮组件拖曳至 View Controller 按钮，在弹出的如图 16-46 所示的快捷菜单中选中组件对应的方法名 endClick:。

用右键把"播放"按钮组件拖曳至 View Controller 按钮，在弹出的如图 16-47 所示的快捷菜单中选中组件对应的方法名 playMovie:。

用右键把"暂停"按钮组件拖曳至 View Controller 按钮，在弹出的如图 16-48 所示的快捷菜单中选中组件对应的方法名 pauseMovie:。

右击 View Controller 按钮，在弹出的如图 16-49 所示的快捷菜单中可以查看到全部连接信息。

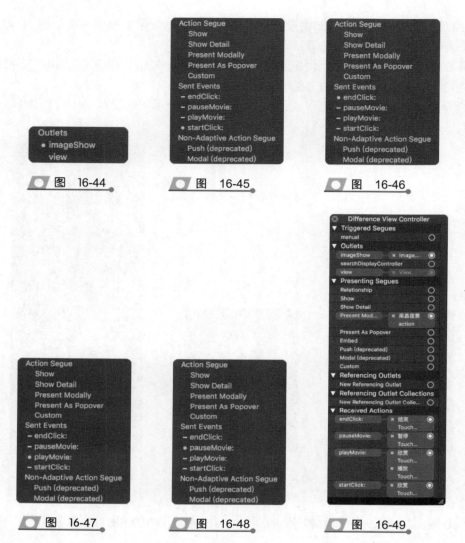

图 16-44   图 16-45   图 16-46

图 16-47   图 16-48   图 16-49

设置完及时按 Command+S 组合键。

16.5　运行程序

按 Command+R 组合键后，就可以运行程序。本节简述一下。

桂林在广西壮族自治区。用鼠标双击地图使其放大，用左键拖曳鼠标找到广西壮族自治区。

再双击放大地图并拖曳找到桂林，它在广西壮族自治区的北部。

再单击"更多"按钮，在新出现的栏目中选择"桂林风光"。单击"播放"按钮，一段介绍桂林山水风光的视频呈现在眼前。单击"浏览"按钮，在视频界面之上，可以配合视频尽情地欣赏自动播放的桂林城区的 12 幅风光照片。

单击"结束"按钮，在饱览桂林山水风光之后，再去看看英雄城南昌的新貌。

单击"返回"按钮，又会出现中国地图。南昌是江西省的省会，双击将地图放大，通过用左键拖曳，找到南昌，如图 16-50 所示。

　　单击"更多"按钮，在新出现的栏目中单击"指定城市"按钮，再单击"南昌"按钮，一幅南昌城区普通地图出现在眼前，如图 16-51 所示。

 图 16-50　　　　　　　图 16-51

　　单击"南昌夜景"按钮，在新出现的界面中，单击"播放"按钮，将播放一段描述南昌一江两岸的"灯光秀"视频。单击"浏览"按钮，在视频界面之上，可以配合视频尽情地欣赏自动播放的南昌城区的 12 幅夜景照片。

　　至此，"桂赣风光浏览"项目全部设计完毕。

附录 A

面向对象编程小技巧

面向对象编程更准确的说法应该是"以对象为中心编程"，这种编程方式以客观世界来建立编程模型。客观世界由一个个对象组成，面向对象的程序运行时内存中也包含了一个个对象。客观世界的对象总有状态和行为，面向对象编程则为对象提供了属性和方法，其中属性用于描述对象的状态，而方法则用于描述对象的行为。所以说，面向对象编程是一种更易理解、更现代化的编程方式。

面向对象编程典型的三大特征是封装、继承和多态。

封装指的是把对象的状态数据、实现细节隐藏起来，然后再暴露合适的方法允许外部程序改变对象的状态，这些暴露的方法可以保证修改之后对象的完整性。Swift 语言提供了 private、internal 和 public 等访问权限控制符来实现封装。

继承是指子类继承父类，即可获得父类的属性和方法。因此，通过继承可以重复使用已有的类。与此同时，继承关系是一种从一般到特殊的关系，这种过程被称为类继承。Swift 语言提供了很好的单继承支持，即每个子类最多只能有一个直接父类。Swift 语言通过协议弥补了单继承灵活性不足的缺陷。

多态可以充分利用面向对象的灵活性，调用同一名字的方法，实现完全不同的功能。

Swift 语言的面向对象支持不仅提供了类，还提供了结构体和枚举，这是有别于其他高级语言的重要特征。Swift 语言重新定义了结构和枚举，赋予了它们面向对象的功能。

由于 Swift 语言把结构体和枚举只当成值类型处理，无论赋值还是参数传递，值类型的实例都需要被复制副本，因此 Swift 语言必须将结构体和枚举设计成"轻量级"的面向对象类型，所以结构体和枚举都不支持继承。

从功能上来看，Swift 语言的类、结构体、枚举具有完全平等的地位，类、结构体、枚举、扩展和协议同为 Swift 语言的五种面向对象的程序单元。

附录 B
程序警告、错误及处理

B.1 编程中常见的错误和警告

B.1.1 错误和警告

编程过程一般来说不可能都那么顺利，大多数情况下，自己编写的程序总会出现这样或那样的问题，即使是移植的程序，也会因编译器的不同而出现一些意想不到的问题。所以在编程过程中，或多或少会出现各种各样的信息。这些信息都是因为编写的代码中有错误编译器给出的提示。如果不对其进行修改，程序是不能按照预想的方式正常运行的。编译器给出的提示信息分为两种类型，即错误信息与警告信息。

错误（error）是由于程序代码中出现语法方面的问题，若不进行修改，程序是无法进行下去的。出现警告（warning）时，首先可以肯定语法方面没有什么问题，但是编译器认为会出现潜在的问题。由于语法上没有问题，就算出现了警告信息，程序暂时是能够运行下去的。但是否能如期望的那样得出正确的结果就很难说了。有启动后立即停止的警告，也有没有任何问题能正常运行的警告。

不管怎样，将程序修改到不出现任何错误和警告信息的状态是最理想的，虽然有些警告完全可以忽视它的存在。编程是人的智力克服客观问题的复杂性的过程，需要一细心、二耐心、三恒心，希望大家尽力检查、修改，直到不出现任何警告为止。

B.1.2 错误和警告的显示方式

在编译时出现错误或警告后，在 Xcode 中会在窗口的右上方显示信息提示图标。红色的感叹号后的数字代表的是错误的条数，黄色的感叹号后的数字代表的是警告的条数。

可以在建立结果窗口中单击错误或警告信息跳转到具体的代码窗口。代码窗口的最左端也显示错误或警告信息。当鼠标放在错误或警告信息上时，会以弹出框的形式显示出这些信息。在 Swift 5 中，有时还会提供修改建议，此时在显示信息行的右侧有 Fix记号作为标志。

B.1.3 经常会出现的错误信息

在使用某一个变量时，如果使用前还没有定义，会出现错误。在 Swift 语言中，使用变量前必须先定义它，以便系统为其预留存储空间。

这种错误经常出现在忘记进行变量定义的情况下。在慢慢习惯后，这种错误出现的次数会越来越少。反而经常出现此种错误的原因是变量名拼写错误，即出现使用的变量名与定义的变量名不一致的情况。

有时在发生低级失误时系统会即时报告出现的错误。例如，在书写系统规定的关键字时出现了输入错误。在引入框架时将 import 写成 improt，或者后面的框架出现错误。在书写正确时均会用红色显示，发生错误时将是用黑色显示。仔细看看发生错误的地方，一定会发现不符合语法的部分。

最经常出现的可能是函数名出现输入错误。其他可能的错误是使用 Cocoa 以外的框架或者库时，这些框架或者库没有包含进工程中。在未编写 Swift 文件之前，需要的库或者框架都必须先包含到工程中。

B.1.4　经常会出现的警告信息

在调用某一个类中的方法时，类声明中并没有包含此方法时出现此信息，首先最可能的原因是方法名输入错误，可以仔细检查一下方法名称，以确保正确。

在某一个类调用自己定义的方法时，如果方法追加在类声明中，则不会出现任何问题。如果实际调用的地方在方法定义的前方，则会出现这种警告信息。这是因为编译器对方法定义的检查是从文件的开始处顺序进行的。利用这个特性，如果不想其他类调用此方法，可以不用追加在类的声明中。

变量已经定义，但是一次都没有被使用时会出现警告信息。经常出现的情况是，曾经使用过的变量经过修改后不再使用它了，但定义还保存着。此时，只用删除变量的定义即可，不理会也是没有问题的。

定义的变量名与使用的变量名不一致时，也会显示警告信息。这时当然也会显示错误信息，此问题比较容易发现。

没有给类声明中的某个方法编写执行代码时，会显示警告信息。出现警告后，该完成的执行代码应该完成，如果觉得这个方法不需要了，可以在类的声明文件中删除此方法的定义。另外，如果实际代码处的方法名与定义的方法名出现不一致时，也会出现警告信息。

方法或函数需要返回值的情况下，没有设置任何返回值时出现警告信息。返回值为 void 以外的方法中，务必要返回一个具体的值。如果不需要返回值，要将方法的返回值类型修改为 void。相反，如果返回值设置为 void 类型，而在函数或方法中返回了某个值时，会显示"（返回 void 的函数中，返回了值）"的警告。

当向方法传递参数，传递过来的参数对象与方法中声明的参数类型不一致时，会出现相应的警告信息。例如，声明的是 NSEnumerator 类型，传递进来的是 NSString 类型，则会显示警告信息。

方法的参数较多，设置时不小心将顺序弄错了也会出现警告信息。在使用参数较多的方法而出现警告信息时，可仔细检查一下参数的顺序。

警告中有很多是完全不用理会的，但是将所有的警告都消去，还是让人觉得更放心一些。

B.2　错误处理

任何一个程序设计要想不出错几乎是不可能的，为了对出现的错误异常及时做出处理，Swift 语言提供了新的错误处理功能。

错误处理的主要步骤有抛出错误、捕获错误和处理错误，其关键字包括 throws（抛出）、try（捕获）和 catch（处理）。

B.2.1　抛出错误

如果要想在一个函数或方法中抛出错误，需要在声明时写上 throws 关键字，该关键字需要写在无返回值的函数或方法的参数的后面。如果函数或方法有返回值类型，则该关键字需要出现在返回箭头的前面。

B.2.2　捕获错误和处理错误

可以使用 do-catch 语句实现错误的捕获和处理，其语法格式如下：

```
do
{
try 抛出错误的函数或方法    //捕获
语句
}
catch 模式
{
语句                        //处理
}
```

注意，模式可以是错误情况的模式，也可以是变量、常量或者没有内容。

参 考 文 献

[1] 李发展 . iOS 移动开发从入门到精通 [M]. 2 版 . 北京：清华大学出版社，2018.

[2] 管雷 . iOS 11 开发指南 [M]. 北京：人民邮电出版社，2018.

[3] 刘明洋 . Swift 语言实战精讲 [M]. 2 版 . 北京：人民邮电出版社，2016.

[4] 刘丽霞，邱晓华 . iOS 9 开发快速入门 [M]. 北京：人民邮电出版社，2015.

[5] 邓文渊 . Swift 开发—iOS App 快速入门与实战 [M]. 北京：清华大学出版社，2016.

[6] 蔡明志 . Swift 程序设计实战入门 [M]. 北京：机械工业出版社，2016.

[7] 李刚 . 疯狂 Swift 讲义 [M]. 北京：电子工业出版社，2016.